# 农场动物福利良好操作指南

魏 荣 李卫华 主编

中国农业出版社

**图书在版编目（CIP）数据**

农场动物福利良好操作指南 / 魏荣，李卫华主编
.—北京：中国农业出版社，2011.9
ISBN 978-7-109-15833-7

Ⅰ.①农… Ⅱ.①魏…②李… Ⅲ.①农场-动物保
护-世界-指南 Ⅳ.①Q95-62

中国版本图书馆 CIP 数据核字（2011）第 129232 号

中国农业出版社出版
（北京市朝阳区农展馆北路 2 号）
（邮政编码 100125）
责任编辑 黄向阳 王巍令
———————————
中国农业出版社印刷厂印刷 新华书店北京发行所发行
2011 年 9 月第 1 版 2011 年 9 月北京第 1 次印刷
———————————
开本：720mm×960mm 1/16 印张：5.75
字数：95 千字 印数：1～2 000 册
定价：20.00 元
（凡本版图书出现印刷、装订错误，请向出版社发行部调换）

# 编 写 人 员

主　　编　魏　荣　李卫华

编写人员（按姓名笔画排序）

刘陆世　刘桂琼　孙映雪　张凡建

邵卫星　赵克斌　胡铁军　姜勋平

费荣梅　贾长明　顾宪红　柴同杰

常维山　彭　程　韩凤玲　韩凌霞

# 前　　言

近年来，动物福利（Animal welfare）在国际上受到了越来越多的关注。多数发达国家目前制定了完善的动物福利法律、法规。世界动物卫生组织（OIE）2001 年将动物福利纳入到其工作范围中，并投入了大量精力开展工作，在其《陆生动物卫生法典》中已制定动物福利标准 9 项，内容涉及家畜运输、屠宰、疫病扑杀以及水生动物，目前仍在组织专家起草饲养管理方面的标准。

OIE 亚太地区也制定了《OIE 亚太地区动物福利战略计划》和《OIE 亚太地区动物福利战略实施计划》，并组织地区成员开展动物福利工作。

2008 年，中国动物卫生与流行病学中心组织成立了动物福利工作组，工作组专家主要来自科研院所、企业等部门。追踪 OIE 动物福利工作动向，积极参与 OIE 动物福利标准评议工作，参与 OIE 亚太地区战略计划的起草工作。通过国内调研，工作组了解到一些大型企业尤其是有出口任务的企业对动物福利概念有一定认识，但不清楚具体涉及哪些内容。因此，工作组认为有必要编写一些材料用于指导生产。

为此，工作组成员参考 OIE 标准、欧盟指令及国内相关标准，并结合我国实际情况，编写了这本《动物福利良好操作指南》，内容涵盖了养殖、运输和屠宰环节，对生产实际、教学科研等工作具有一定的参考作用。

因知识和能力有限，书中难免有错漏之处，敬请专家和读者指正。

# 目　录

# 第一章 总 则

## 1 范围

本章规定了动物福利良好操作指导原则、科学基础、术语定义、厂址选择及人员要求。

本章适用农场动物福利良好操作。

## 2 规范性引用文件

下列文件中的条款通过本标准的引用而成为本标准的条款。凡是注日期的引用文件，其随后所有的修改单（不包括勘误的内容）或修订版均不适用于本标准，然而，鼓励根据本标准达成协议的各方研究是否可以使用这些文件的最新版本。凡是不注日期的引用文件，其最新版本适用于本标准。

GB 12694 肉品加工厂卫生规范

动物防疫条件审查办法 农业部 2010

动物检疫管理办法 农业部 2010

陆生动物卫生法典 OIE 2010 版

## 3 术语、定义

下列术语定义适用于动物福利良好操作指南：

### 3.1 动物福利 (Animal welfare)

指动物与所处的环境的适应情况。动物福利良好需要身体健康、舒适、营养良好、安全并可自由表达天性，并不受痛苦、恐惧和不适困扰。良好动物福利需要疾病预防和兽医治疗，适当的防护、管理、营养、操作处理和人道屠宰。

### 3.2 动物操作处理员（Animal handler）

指熟知动物行为和需求，经验丰富，能进行有效管理并确保动物福利良好的人员，如动物饲养员和驱赶人员。动物操作处理员须经过培训并取得资格证书后方可上岗。

### 3.3 无害化处理（Bio-safety disposal）

将经检验检疫确定为不适合人类食用或不符合兽医卫生要求的动物、胴体、内脏等部分进行高温、焚烧或深埋等处理的方法或过程。

### 3.4 收容中心（Collecting centre）

指收留来自农场、市场的种用、饲养用、屠宰用及其他动物的场所。须符合下列条件：
（1）受官方兽医监督；
（2）设在无疫区；
（3）使用前后消毒。

### 3.5 初乳（Colostrum）

奶牛分娩后 7 天内、尤其是前 3 天所分泌的乳汁。初乳色黄，味苦或异臭，其免疫球蛋白、蛋白质、脂肪、无机盐以及维生素的含量均显著高于常乳。

### 3.6 精饲料（Concentrated feed）

指容量大、纤维成分含量低（干物质中粗纤维含量小于 18%）、可消化养分含量高的饲料。主要有禾本科籽实、豆科籽实、饼粕类、糠麸类、草籽树实类、淀粉质的块根块茎、瓜果类（薯类、甜菜）、工业副产品类（玉米淀粉渣、DDGS、啤酒糟粕等）、酵母类、油脂类、棉子等饲料原料和由多种饲料原料按一定比例配制的奶牛精料补充料。

### 3.7 急宰（Emergency slaughter）

指对动物实施的紧急屠宰。主要包括以下动物：
（1）新发外伤性损伤而且有明显疼痛的动物；
（2）受到局部感染影响或有条件适于人类消费的动物，如不立即进行屠宰可能会进一步恶化。

### 3.8 畜禽废弃物 (Excess farm produced animal waste)

养殖农场的畜禽粪便，畜禽舍垫料，废饲料及散落的毛羽等废物。

### 3.9 散栏生产系统 (Free-stall barn)

主要是针对栓系对奶牛个体福利危害较大而采取的一种较为有效的生产系统。该系统无栓系设备，可提供给奶牛干净、干燥、舒适的休息空间，并容易获取食物和饮水。奶牛不受约束可以自由进出、躺下、站立和离开栏圈。

### 3.10 饲料添加剂 (Feed additive)

在饲料加工、制作、使用过程中添加的少量或者微量物质，包括营养性饲料添加剂和一般性饲料添加剂。

### 3.11 垫料 (Litter)

指铺于畜禽舍内、运输工具或容器上的沙、木屑、碎纸等以供防滑、吸震、绝缘或吸收排泄物的物品。

### 3.12 运输过程 (Journey)

动物运输行程从第一头（只）动物装上车辆或装上集装箱，到最后一头（只）动物卸下的过程。包括途中休息和留置期。

### 3.13 处死 (Killing)

指致死动物的操作程序。

### 3.14 候置点 (Lairage)

指动物栏圈、庭院及其他留置地方。可给动物必要的照料（饮水、饲喂、休息），以便下阶段运输或屠宰。

### 3.15 装/卸载 (Loading/unloading )

装载是指将动物装上运输工具或装进集装箱的过程，卸载是指把动物移出运输工具或集装箱的过程。

### 3.16 饲料药物添加剂（Medicated drug addition）

为了预防、治疗动物疾病而掺入载体或者稀释剂的兽药预混物，包括抗球虫药类、驱虫剂类、抑菌促生长类等。

### 3.17 官方兽医（Official veterinarian）

指由国家兽医行政管理部门授权对商品动物健康和/或公共卫生行使监督的兽医，并签发证书。

### 3.18 检疫站（Quarantine station）

指在官方兽医监督之下，使动物完全保持隔离、不与其他动物有任何直接或间接接触的场所，以便观察一段时间，必要时可作试验和治疗。

### 3.19 斜坡台（Ramp）

在动物运输过程中，用于装卸动物而设置的带有一定倾斜角度的台或架。

### 3.20 粗饲料（Roughage feed）

指容量小、纤维成分含量高、可消化养分含量低的饲料。主要有牧草、青贮料类、农副产品类（包括藤、蔓、秸、秧、荚、壳）及干物质中粗纤维含量大于等于18%的糟渣类、树叶类和非淀粉质的块根、块茎类。

### 3.21 休息（站）点（Resting point）

指行程中动物休息、饲喂或饮水的地方。动物可停留在运输工具/或集装箱中，或卸下进行。

### 3.22 保定（Restraint）

指限制动物活动的操作。

### 3.23 屠宰（Slaughter）

指通过放血使动物死亡的操作。

### 3.24 屠宰场（厂）（Slaughterhouse /abattoir）

指用于屠宰动物生产动物产品，并由兽医机构或其他主管当局批准的场所，包括移动或留养动物场所。

### 3.25 扑杀政策（Stamping-out policy）

指确诊某一疾病后，经兽医行政管理部门授权，宰杀感染动物及同群可疑感染动物，必要时宰杀直接接触或可能引起病原传播的间接接触动物。疫点内所有易感动物，不论是否实施免疫接种，均应宰杀，尸体应予焚烧或深埋销毁，或应用生物安全方法处理。

### 3.26 运输密度（Stocking density）

指运输工具单位面积/体积的动物数量。

### 3.27 致晕（Stunning）

指使动物立即丧失知觉的任何机械、电、化学或其他方法。屠宰时，无意识状态应持续到动物死亡。若不屠宰，动物击晕后可恢复知觉。

### 3.28 应激（Stress）

指环境因素突然发生变化，或因疾病、药物、管理不当等的影响引起动物生理上的不适应而造成生产性能降低的现象。

### 3.29 运程（Travel）

指装载动物的运输工具或集装箱从一个地方到另一地方的转运。

### 3.30 运输空间（Travel space）

动物运输空间包括动物站立和躺下时所需地板的面积，以及动物所在车厢的高度。

### 3.31 全混合日粮（Total mixed ration，TMR）

是指根据奶牛在泌乳各阶段的营养需要，把切短的粗饲料、精饲料和各种添加剂进行充分混合而得到的一种营养相对平衡的日粮。

### 3.32 运输工具（Vehicle/vessel）

指任何用于运输动物的工具，包括火车、卡车、飞机或轮船等。

### 3.33 休药期（Withdrawal period）

食品动物从停止给药到许可屠宰或它们的产品（乳、肉、蛋）许可上市的间隔时间。

## 4 动物福利指导原则

4.1 动物健康与动物福利密切相关。

4.2 动物享有以下五项自由：

（1）享有不受饥渴、无营养不良的自由；

（2）享有生活无恐惧和悲伤感的自由；

（3）享有生活舒适的自由；

（4）享有不受痛苦伤害和疾病威胁的自由；

（5）享有表达天性的自由。

4.3 科学评估动物福利需要综合考虑各种因素。

4.4 农业用动物、经济动物、实验用动物、伴侣动物、娱乐和表演用动物为人类作出了巨大贡献。

4.5 改善动物福利有利于提高生产力和食品安全，提高经济效益。

4.6 动物福利标准应以等效性（操作标准）作为依据。

## 5 动物福利措施的科学基础

5.1 动物福利措施应当充分考虑其科学性。

5.2 评估动物福利措施需要考虑伤害、疾病、营养、动物偏好、动物生理学、动物行为学和动物免疫学等方面因素。

## 6 选址布局、运输车辆要求

6.1 饲养、屠宰加工场（厂）选址布局应当符合《动物防疫条件审核管理办法》等相关国家规定要求，取得《动物防疫条件合格证》。

6.2 屠宰加工场（厂）应设有宰前管理区、屠宰间、分割加工间、患病动物隔离观察圈、急宰间、无害化处理间、检疫室等区域。

6.3 运输车辆应当是专用车辆或经改装适于运输动物，运输前后应及时对车辆进行清洗消毒。

## 7 人员要求

7.1 相关从业人员应当了解、掌握动物福利知识，经过培训、考核合格后方可持证上岗。

7.2 从业人员卫生应当符合 GB 12694 要求。

# 第二章 规模化养猪福利操作指南

## 1 范围

本规范规定了规模化猪场福利养殖生产过程中的设施设备、各阶段生猪饲养管理的操作原则。

本规范适用于规模化养猪过程中基本的动物福利要求。

## 2 规范性引用文件

下列文件中的条款通过本规范的引用而成为本规范的条款。凡是注日期的引用文件，其随后所有的修改单（不包括勘误的内容）或修订版均不适用于本规范，然而，鼓励根据本规范达成协议的各方研究是否可使用这些文件的最新版本。凡是不注日期的引用文件，其最新版本适用于本规范。

NY/T388 畜禽场环境质量标准

GB 5749 生活饮用水卫生标准

GB 16548 畜禽病害肉尸及其产品无害化处理规程

NY 5031 无公害食品 生猪饲养兽医防疫准则

NY 5032 无公害食品 畜禽饲料和饲料添加剂使用准则

NY/T 5033 无公害食品 生猪饲养管理准则

NY/T 65—2004 中华人民共和国农业行业标准 猪饲养标准

GB/T 18635 动物防疫基本术语

GB/T 20014.6 良好农业规范 畜禽基础控制点与符合性规范

GB/T 20014.10 良好农业规范 畜禽基础控制点与符合性规范

GB/T 20014.11 良好农业规范 畜禽基础控制点与符合性规范

中华人民共和国动物防疫法 2007

## 3 猪场设备设施福利

### 3.1 规模化猪场选址

规模化猪场的选址和规划参见 GB/T 20014.6—2005 中的相关条款。符合当地整体规划和环保要求，满足饲养规模要求。

#### 3.1.1 猪场地址选择

猪场应交通方便、水源充足、远离工矿企业和居民区。周围不能有有害气体和畜禽猪场等污染源。

猪场周围 3 千米范围内没有其他养猪场、集贸市场、屠宰场等。毗邻区域畜禽分布和野畜分布、迁徙情况以及规定动物疫病的状况符合要求。具有自然防护林、封闭的隔离墙及可阻止病原传播的其他屏障。

#### 3.1.2 猪场设计

猪场应包括生活区、生产区及废弃物无害化处理区。生产区和生活区彼此隔离。粪污处理设施和尸体焚烧炉或化尸池应设在猪场生产区。生活区在生产区上风向或侧风向处。猪场内净道与污道分开。

### 3.2 猪舍建筑要求

能够满足生猪不同生长阶段对温度、湿度和通风的需求。能够调控栋舍内的温度和湿度。

### 3.3 猪舍内空气条件要求

猪舍内空气中条件符合 NY/T 388 的要求。特别强调冬季的有效通风。

### 3.4 规模猪场饲养模式

规模猪场实行全进全出的饲养模式，不同饲养阶段应分开饲养，分段饲养。应使用垫料床养猪，垫料应在堆积消毒后使用。

### 3.5 猪场场区要求

猪场设防鸟和防啮齿类动物进入的设施。猪舍应封闭或加装防护设备设施。应随时防止其他动物入侵和伤害生猪。

## 3.6 猪舍内设施

地面和墙壁应平整，能耐酸、碱等消毒药液清洗消毒。各种设备设施棱角圆滑。不使用有毒有害、有刺激气味的油漆喷涂设备和设施。

## 3.7 排污

猪场的排污应符合 GB 18596 标准的要求。应使用包括垫料技术在内的各种零排放养猪技术。

# 4 饲养管理

## 4.1 饲料营养

饲料能满足种猪、保育猪、育肥（成）猪等不同类型和生理阶段对各种营养物质的需要。参照 NY/T 65—2004 猪饲养标准。

饲料的生产要建立可追溯性流程。不同种类和批次的饲料要单独存放，避免混杂，按照适用的生理阶段分别饲喂。饲料的使用情况应记入养殖档案中。饲料的添加剂、矿物质和微量元素应符合国家的规定。

根据猪场的具体情况，可以添加预防性兽药。在上市出栏前的至少一个兽药代谢周期内不应添加任何兽药。添加兽药时，要实施残留监测。

## 4.2 生猪饮水

各阶段生猪均自由饮水。饮用水的卫生指标应符合 GB 5749 生活饮用水卫生标准。应使用地下水。每 10 头猪至少设 1 个饮水器，饮水器的流量大于 1.3 升/分。

## 4.3 饲养密度

必须保证哺育仔猪有足够的休息空间，休息区地面必须铺上垫料；使用产床时，休息区地面必须铺上适合的垫子，保证哺乳仔猪躺卧舒适。护仔栏的设计必须容易让哺乳仔猪吃到奶，且避免乳猪受伤。

生长育肥（育成）猪按体重大小、强弱、公母分栏饲养，体重 15～60 千克的育肥（成）猪所需面积为 0.8～1.2 米²/头，60 千克以上的育肥（成）猪不低于 1.4 米²/头。

种公猪舍面积不小于 6 米²/（间·头），有外运动场可供运动。

保证猪有足够的采食空间。采取自由采食饲喂的猪，每个采食位最多养 5 头猪。采取限量食槽饲喂的猪，在 60 千克体重之前，每头猪的采食空间大于 20 厘米，60 千克以上体重的育肥猪，每头猪的采食空间大于 25 厘米。

## 4.4　光照

猪舍内的光照强度应满足生猪采食、饮水、活动、交流的需要。尽量使用自然光。保证产房和人工光照的猪舍每天 8 小时以上 40 勒克斯以上的光照。

## 4.5　通风和控温

使用正压或负压通风，加装水帘或相应降温设备。保证仔猪生长环境干燥、卫生，相对湿度 50%～80%，氨气浓度低于 15 毫克/米$^3$，硫化氢浓度低于 8 毫克/米$^3$，细菌总数低于 4 万 CFU/米$^3$，粉尘低于 1.2 毫克/米$^3$，通风量控制在每窝 100～180 米$^3$/时。

断奶时环境温度 26℃，之后每周降低 1℃；相对湿度 50%～80%；氨气浓度低于 15 毫克/米$^3$，硫化氢浓度低于 8 毫克/米$^3$；细菌总数低于 4 万 CFU/米$^3$，粉尘低于 1.2 毫克/米$^3$，通风量控制在每头 3～15 米$^3$/时。

猪舍温度 13～27℃，相对湿度 50%～85%，氨气浓度低于 20 毫克/米$^3$，硫化氢浓度低于 10 毫克/米$^3$，细菌总数低于 6 万 CFU/米$^3$，粉尘低于 1.5 毫克/米$^3$，通风量每头 15～40 米$^3$/时（育肥前期）和 20～70 米$^3$/时（育肥后期）。

## 4.6　各阶段生猪的福利饲养管理

### 4.6.1　哺乳仔猪的饲养管理

仔猪出生后 24 小时内吃足初乳。少数母猪可能无乳或在产仔过程中死亡，应将其小猪寄养到产仔 1～3 天内的母猪处。平时收集部分母猪的初乳并贮存在冰箱中，给比较虚弱的仔猪饲喂初乳。

第 7 日龄开始诱导仔猪吃食。

乳猪出生 1～3 天，环境温度为 33～34℃；出生 4～7 天，为 31～32℃；出生 8～21 天，为 28～30℃；出生 22～28 天，为 24～26℃。

在猪舍里可以放置小滚球、悬挂铁链、铁球等以供玩耍。可以提供音乐，创造轻松愉快的环境。

### 4.6.2　保育猪的饲养管理

转入保育舍的 7 天内温度控制在 26～28℃，此后每 7 天降低 1℃，温度最后控制在 18～24℃，采用风机、湿帘、暖气等措施做好猪舍温度的调控。

仔猪断奶后 3～5 天采取饲料过渡，少喂勤添，每天饲喂次数不低于 6 次。

仔猪加强调教，训练其养成采食、排粪、睡觉均在固定位置进行的习惯，以保持猪栏干燥、清洁、猪体卫生。

可以在猪舍里放置小滚球、悬挂铁链、铁球等以供玩耍。

### 4.6.3　生长育肥（育成）猪的饲养管理

猪舍温度范围为 18～24℃。采用风机、湿帘、暖气等措施做好猪舍温度的调控。

育肥猪加强调教，训练其养成采食、排粪、睡觉均在固定位置进行的习惯，以保持猪栏干燥、清洁、猪体卫生。

### 4.6.4　后备猪的饲养管理

后备种猪达到 4 月龄时实行分群饲养，公母分开，保持适当的膘情，并根据实际情况进行调整。

猪舍温度范围为 18～24℃，采用风机、湿帘、暖气等措施做好猪舍温度的调控。

做好后备种猪猪舍卫生工作，保证猪舍卫生、干燥。

经常触摸后备母猪的耳部、腹部和乳房等部位，促进乳房发育，保证后备猪充足的运动，每周每批次保证在 1～2 次以上，每次运动 1～1.5 小时，同时用公猪诱情，每天 1～2 次。

每天驱赶后备种公猪进行运动，并经常用刷子刷拭猪体。促进血液循环，增强体质；增加人畜关系，使公猪与人亲近，便于采精和配种。

后备公猪从 7～8 月龄开始调教采精。每次调教的时间一般不超过 15～20 分钟，每天可训练一次。对于不喜欢爬跨或第一次不爬跨的公猪，要树立信心，多进行几次调教。进行后备公猪调教的工作人员，要有足够的耐心。不能踢打公猪或用粗鲁的动作干扰公猪。

### 4.6.5　种公猪的饲养管理

种公猪适宜的温度为 18～24℃，采用风机、湿帘、暖气等措施做好猪舍温度的调控。

采用湿拌料，调制均匀，每天饲喂 2～3 次，喂量限制在 2～3 千克以内。使公猪体况不肥不瘦，保证正常种用体况。

定期检查公猪精液品质，精液质量差的公猪不参加配种。

后备公猪，每周采精 1 次，1～2 岁的小公猪每天配种不应超过 1 次，连续 2～3 天配种后应休息 2 天。2 岁以上的成年公猪，每天不应超过 2 次，两次间隔时间不应少于 6 小时，每周最少休息 2 天。

### 4.6.6　妊娠母猪的福利饲养

小群饲养，有外运动场供自由运动。

妊娠母猪适宜的温度为 18～24℃，采用风机、湿帘、暖气等措施做好猪舍温度的调控。

根据妊娠天数调整妊娠母猪每日的采食量。

做好妊娠母猪的免疫、保健和驱虫工作，保证妊娠母猪的健康。

每 3 天给猪腹部、乳房等处 5～15 分钟抚摸与挠摩；善待妊娠母猪，态度要温和，切忌鞭打、大声喊叫、惊吓或者追赶迫使其转弯。

### 4.6.7　分娩母猪的福利饲养

产前 7 天进产房，进产房之前做好母猪和产房的消毒工作。

产房光线充足，空气新鲜，温度为 18～24℃。采用风机、湿帘、暖气等措施做好猪舍温度的调控。地面饲养时应给母猪临产前提供干净垫草。

安排专人值守，接产或处理难产。仔猪产出后，做好接产、断脐工作。做好难产母猪的处理工作，对分娩困难的母猪提供帮助。

保证充足的饮水，可用加盐的温麸皮水。母猪分娩后 2～3 天要少喂勤添，喂流汁食物，而后逐渐增加饲料供给量，5～7 天达到正常饲喂量。

母猪断奶后 2～4 头合群，通过栅栏可嗅见公猪。猪舍保持安静的环境。

做好分娩母猪的免疫和保健工作，对生病母猪及时治疗，保证分娩母猪的健康。

## 5　卫生防疫

### 5.1　计划免疫

免疫计划与猪场所在地区的疫病流行趋势和猪场的具体疫病情况相结合，制订科学的免疫程序，使生猪免受疾病的困扰。建立书面的免疫程序，并按照免疫程序执行。

疫苗接种可采取滴鼻、肌内注射等方式，注射时要采取减少注射对生猪应激的措施。

按照不同疫苗作用的实效，制订免疫效果实验室监测计划并有效实施。

根据免疫计划建立猪群免疫档案，应包括疫苗种类、接种方式、抗体监测结果等。

### 5.2 疫病防治

猪场对各种疾病应实施预防为主、治疗为辅的原则。预防措施包括场内不同功能区隔离、适宜的温度湿度控制、科学有效的免疫计划、清洁消毒等措施。

当出现疫病时要积极治疗。疫病的治疗应按照兽医的诊断和处方实施治疗。

兽药要按照国家的《动物及动物源食品中残留物质监控计划》（以下简称《残留监控计划》）的监测项目选定允许使用的兽药和限定使用的兽药，禁止使用禁用兽药。限定使用的药物要按照休药期要求使用。

单独设立病猪隔离区，远离猪舍。

猪场的病猪、死猪按照 GB 16548 畜禽病害肉尸及其产品无害化处理规程处理。

对濒临死亡的病猪进行屠宰或淘汰处理时，应遵守人道主义原则。避免其同类看到、听到处理的情形。

猪场应制订针对主要猪病病原体的监测和净化计划。生猪猪场应制订并执行卫生规范。

按照不同药物和疫苗的要求管理和使用兽药。

猪场的员工应经过培训且具备相关的能力和知识后才能参与兽药的使用和管理。

不同兽药应按照要求分别储存，并按照要求使用。

# 第三章　规模化奶牛养殖福利操作指南

## 1　范围

本指南规定了规模化奶牛场犊牛、围产期奶牛、泌乳期奶牛和干奶期奶牛的福利养殖操作原则。

本指南适用于规模化奶牛养殖过程中的基本的动物福利保障要求。

## 2　规范性引用文件

下列文件中的条款通过本指南的引用而成为本规范的条款。凡是注日期的引用文件，其随后所有的修改单（不包括勘误的内容）或修订版均不适用于本规范；然而，鼓励根据本规范达成协议的各方研究是否可使用这些文件的最新版本。凡是不注日期的引用文件，其最新版本适用于本规范。

GB 18596　畜禽养殖业污染物排放标准

GB 5749　生活饮用水卫生标准

GB 16568　奶牛场卫生及检疫规范

GB/T 18635　动物防疫基本术语

GB/T 20014.6　良好农业规范　畜禽基础控制点与符合性规范

GB/T 20014.8　良好农业规范　奶牛控制点与符合性规范

NY/T 388　畜禽场环境质量标准

NY 5046　无公害食品　奶牛饲养兽药使用准则

NY 5047　无公害食品　奶牛饲养兽医防疫准则

NY 5048　无公害食品　奶牛饲养饲料使用准则

NY/T 5049　无公害食品　奶牛饲养管理准则

NY/T 34—2004　奶牛饲养标准

中华人民共和国动物防疫法　2007

动物防疫条件审查办法　农业部　2010

## 3 选址和布局

### 3.1 奶牛养殖场地址选择

**3.1.1** 规模化奶牛养殖场的选址和规划严格遵循《中华人民共和国动物防疫法》、《动物防疫条件审查办法》的相关要求。符合当地的整体规划和环保要求，符合动物防疫的要求，满足饲养规模的要求。

**3.1.2** 养殖场应建在交通方便、水源充足、远离工厂化工区和居民生活区的地方，并且周围无化工污染，无噪音污染。

**3.1.3** 距离生活饮用水源地、动物屠宰场、动物和动物产品集贸市场500米以上；距离动物隔离场所、无害化处理场所3千米以上；距离城镇居民区等人口集中区域及公路、铁路等主要交通干线0.5千米以上。

### 3.2 奶牛养殖场的设计

**3.2.1** 养殖场的设计应包括：生活区、生产区及废弃物无害化处理区，场区周围建有围墙。

**3.2.2** 场区出入口处设置与门同宽的消毒池。

**3.2.3** 生产区与生活、办公区分开，并有隔离设施，要有一定距离。

**3.2.4** 生产区入口处设置更衣消毒室，各养殖栋舍出入口设置消毒池或消毒垫。

**3.2.5** 生产区设净道、污道，二者不能有交叉。净道是专供饲草、饲料运输和人行的路；污道是牛行走和运送粪便的路。

**3.2.6** 生产区内各养殖栋舍之间距离在5米以上或者有隔离设施。

**3.2.7** 生活区应位于养殖场主导风向的上风向或侧风向处。

### 3.3 生产区设计

**3.3.1** 生产区主要包括牛舍、运动场、化粪池等。应设在场区地势较低和下风向的位置，要能控制场外人员和车辆不能直接进入生产区。

**3.3.2** 根据牛的生理特点、行为特点和饲养方式设计牛舍。

**3.3.3** 牛舍设计有利于保持舍内干燥，冬季保温，夏季防暑，有足够的窗户保证阳光充足。

**3.3.4** 每头牛占牛舍面积为5.5～7.5米$^2$。

**3.3.5** 各牛舍之间要保持适当距离，周围绿化，布局整齐，便于防疫和防火。同时要相对集中，节约水电线路管道，缩短饲草、饲料及粪便运输距离，便于科学管理。

**3.3.6**　料槽、水槽应便于清洗。

**3.3.7**　地面设计便于粪便的清理，稳固防滑，不用漏缝地板。

**3.3.8**　牛舍内设有足够的牛床，牛床应有一定的坡度，有一定厚度的垫料，可用沙土、锯末或碎秸秆作为垫料，也可使用橡胶垫层或水床。牛床要舒适，便于奶牛的躺卧休息。牛数与牛床数之比要求不低于 1：0.7～1：0.85。

**3.3.9**　每头牛占有面积为 15～20 米$^2$ 左右的运动场，地面应为沙土地，有一定坡度，四周有排水沟，场内有荫棚和饮水槽。成年乳牛的运动场面积为每头 25～30 米$^2$；青年牛的运动场面积为每头 20～25 米$^2$；育成牛的运动场面积为每头 15～20 米$^2$；犊牛的运动场面积为每头 8～10 米$^2$。

**3.3.10**　在生产区和生活区之间设置挤奶厅，并靠近泌乳舍。根据养殖规模和挤奶机类型，决定挤奶厅的建筑面积和式样。一般 400 头左右泌乳牛需建挤奶厅 650～700 米$^2$。挤奶厅墙面应镶嵌瓷砖，并安装暖气。

## 3.4　养殖场设备要求

**3.4.1**　奶牛场入口处及生活区到生产区的门口要设与大门等宽的消毒池，内置消毒液，定期更换消毒液。

**3.4.2**　生产区有良好的采光、通风、取暖、降温等设施设备。

**3.4.3**　可以在牛舍内安装彩色电视或音响设备等。

**3.4.4**　牛舍地面和墙壁选用对牛没有伤害的适宜材料，安全环保，并便于清洗消毒。

**3.4.5**　配备设施完善的兽医室。

**3.4.6**　有与生产规模相适应的无害化处理设施设备。

**3.4.7**　有相对独立的动物隔离舍和患病动物隔离舍。

**3.4.8**　有相应的电力设施和消防设施。

**3.4.9**　养殖场要有专用道路与主要公路相连，便于饲料、鲜奶的运输和工作人员的进出。

# 4　饲养管理

4.1　养殖场需配备与养殖规模相匹配的执业兽医师。

4.2　养殖场有相关的技术人员和饲养员，饲养员在上岗前要进行一定的技术培训和动物福利、动物伦理等相关知识培训。

4.3 饲养员要有一定的责任心，能掌握牛的正常行为和异常行为，能通过行为观察了解牛的健康状况。

4.4 养殖场要建立相应的管理系统，在生产、饲养、防疫、消毒等关键环节建立督察档案记录制度。

4.5 奶牛的养殖场所内应铺有清洁干燥的垫料或牛床垫。

4.6 牛舍应通风良好，可自然通风或机械通风，舍内温度和湿度应适宜。

4.7 牛舍应无过多的尘埃、潮气、氨气等。氨气水平达 10 毫升/米$^3$ 为较好，25 毫升/米$^3$ 为最大量。

4.8 饲料

4.8.1 饲料及原料应整齐摆放在清洁干燥、无污染的仓库内，并标记清楚。抽样检测合格后方可入库，青绿饲料、草料等无发霉、变质、结块和异味等现象。

4.8.2 使用药物性的饲料添加剂时，按照《饲料和饲料添加剂管理条例》执行休药期；饲料原料、草料要符合《农业转基因生物安全管理条例》和《兽药管理条例》的规定。

4.8.3 奶牛日粮中不得添加违禁物，不得使用反刍动物源性制品（奶和奶制品除外）。

4.8.4 合理使用动物保健添加剂，如益生菌。

4.9 不同生理阶段奶牛饲养管理

4.9.1 犊牛的饲养管理

（1）出生 2 小时内喂初乳，喂量为 2～3 千克，5 天后用常乳代替部分初乳，7～10 天后全部饲喂常乳或人工乳。

（2）犊牛 1 周后可提供少量精料，一般 30 日龄喂量为每天 200～300 克，60 日龄喂量为每天 600～1 000 克。犊牛断奶日龄为 50～70 天。70 日龄后可饲喂适量的粗料（如优质干草、青绿多汁料等）。

（3）犊牛有充足、新鲜、清洁卫生的饮水，冬季饮温水，饮水标准符合GB 5749 规定，每头每天饮水量平均为 5～8 升。

（4）定期消毒喂奶器具，定期消毒犊牛活动区域。犊牛舍每周消毒 1 次，运动场每 15 天消毒 1 次。

（5）保持犊牛舍通风、干燥，经常更换清洁干燥的垫料。

（6）使用人工乳头来增加哺乳时间，防止幼犊吮吸等异常行为产生。

（7）犊牛出生 10 天后可在舍外的运动场上作短时间的运动，随日龄的增长可延长运动时间。

（8）人与牛要亲和，饲养员应有意识地经常接近、抚摸、刷拭牛，使牛温驯。

### 4.9.2 育成牛的饲养管理

（1）日粮以青粗饲料为主，适当添加精料，并供给充足的矿物质。

（2）12 月龄前，以优质干草为主，适当补充精料，精料喂量每天 1.5 千克左右，矿物质、多汁饲料、青贮饲料可较多供应。

（3）12～18 月龄时，仍以粗饲料与多汁饲料为主，精饲料不超过总量的 25%，直到妊娠前期基本维持这一水平。

（4）有放牧条件饲养的育成牛可以放牧；在舍饲的方式下，育成牛每天舍外运动不得低于 4 小时，并进行日光浴。

（5）对育成牛进行乳房按摩，6～8 月龄的育成牛每天按摩 1 次，18 月龄以上每天按摩 2 次。按摩全过程需要 3～4 分钟，产前 1～2 个月停止。

（6）保证育成牛有清洁的饮水，圈舍清洁卫生。

### 4.9.3 泌乳期的饲养管理

（1）泌乳初期。产犊后 10～15 天是泌乳初期，此期以恢复牛的体力为主。喂给麸皮水和优质干草，并逐步增加精饲料的喂量，每头每天增加 0.5 千克精饲料，自由采食干草。

（2）泌乳盛期。母牛产犊后 15 天，是奶牛产奶的关键时期，这一阶段能持续 2～3 个月。日粮干物质应由占体重 2.5%～3% 逐渐增加到 5.4% 以上，粗蛋白水平 16%～18%，高产奶牛日粮中粗蛋白应保持 35%～40%，钙 0.7%，磷 0.45%，精粗比由 40：60 逐渐过渡到 60：40。应多饲喂优质干草，对体重降低严重的牛适当补充脂肪类饲料，并多补充维生素 A、维生素 D、维生素 E 和微量元素。保障充足饮水，奶牛每天饮水 50～70 升，高产奶牛需 100 升以上。

（3）泌乳中期。母牛产犊后 100 天左右逐渐进入泌乳中期。这一阶段的特点是产奶量逐渐减少，在一般情况下每月递减 6%～7%。日粮干物质采食量应占体重的 3.0%～3.5%，粗蛋白 13%，钙 0.6%，磷 0.35%，精料可相应渐减，尽量延长奶牛的泌乳高峰。精粗比以 40：60 为宜。

（4）泌乳后期。泌乳后期是指干乳前 2～3 个月至干乳的一段时间。饲养特点应以奶牛储备营养物质和保证胎儿营养需要为主，为干奶做好准备。日粮干物质应占体重的 3.0%～3.2%，粗蛋白水平 12%，钙 0.6%，磷 0.35%，调控好精料比例，防止奶牛过肥，精粗比以 30：70 为宜。

（5）加强动物饲养，增加精饲料和高蛋白饲料含量，同时增加多汁饲料。在高精料饲养下，要适当增加精料饲喂次数，即以少量多次的方法，可改善瘤胃微生物区系的活动环境，减少消化障碍、酮血症、产后瘫痪等的发病率。

（6）挤奶前要对奶牛进行淋浴，挤奶工要进行适当培训。每次挤奶要尽量不留残余乳，挤奶操作完应对乳头进行消毒，可用3％次氯酸钠浸一浸乳头，以减少乳房受感染机会。

（7）要加强对饮水的管理，冬季饮水温度不宜低于16℃；夏季饮清凉水或冰水，以利防暑降温，保持奶牛食欲，稳定奶量。

（8）适当给奶牛看电视或听音乐，让奶牛躺在按摩床上，给奶牛创造轻松愉快的环境。

（9）牛舍适宜温度为18～20℃，夏季可在牛舍内安装电风扇或在舍顶安装喷头降温。

**4.9.4　干奶期的饲养管理**

（1）干奶后7天内，日粮应以中等质量粗饲料为主，日粮干物质采食量占体重的2％～2.5％，粗蛋白水平12％～13％，精粗比以30：70为宜。

（2）在整个干奶期，应让母牛自由运动，以减少难产，还需要防止拥挤。

（3）加强保胎，不喂变质饲料，不饮冰水，不用冷水冲洗牛，不让牛摔倒、滑倒。

（4）保持适当运动，可减少肢蹄病和难产。

（5）增加日光浴的时间，促进维生素的形成，防止产后瘫痪。

**4.9.5　围产期的饲养管理**

（1）在干奶后期，胎儿发育迅速，母牛需积蓄更多的营养。因此，母牛喂养应加喂一定量的精料，减少或不喂青贮饲料及多汁料。日粮应以优质干草为主，日粮干物质采食量应占体重的2.5％～3％，粗蛋白水平13％。

（2）饲料应新鲜清洁，质地良好，不喂腐烂变质的饲料，也不饮过冷的水，以防早产、难产及胎衣滞留。

（3）保持适当运动，一般每天不低于4小时。母牛进出时要防挤撞摔倒。

（4）产房、产床保持清洁、干燥，每天消毒。

（5）让围产期奶牛早调入产房，让其习惯产房环境，对重胎牛最好一栏一床饲养，不系绳，任其在圈内自由活动。

（6）产前7天开始药浴乳头，每天2次。

## 5 奶牛的卫生防疫

5.1 奶牛养殖场周围不应有其他动物养殖场、集贸市场等。与其他动物养殖场相互间距离应在 500 米以上。

5.2 养殖场员工应定期进行健康检查，患有人畜共患传染病的人员不应从事养殖工作。

5.3 工作人员进入养殖小区要更换场区工作服并消毒。

5.4 禁止外来人员和车辆进入养殖场，在经兽医管理人员许可的情况下，外来人员和车辆经消毒后方可进入。

5.5 根据国家有关规定以及本地区和本场的疫病流行状况制订免疫计划。

5.6 建立免疫档案。信息内容包括有关牛群和疫苗信息、疫苗种类、接种方式、抗体水平监测结果等。

5.7 当出现疾病时要有执业兽医诊断并积极治疗；当发生传染病时要按传染病的扑灭措施和步骤进行。

5.8 发生疫情时，要对疫区、受威胁区域的所有奶牛进行一次强化免疫。

5.9 兽药的使用要按照国家的《残留监控计划》的监控项目选定允许使用的兽药和限定使用的兽药，禁止使用禁用兽药，限定使用的兽药要按照休药期要求使用。

5.10 保健计划应对生产过程实行全面监控。

5.11 圈舍、笼具及其他辅助设备和周围环境要定期消毒，垫料要经常更换。

5.12 死亡的动物及其他废弃物等应运送至专门地点作无害化处理。

# 第四章　集约化肉鸡养殖福利操作指南

## 1　范围

本指南规定了集约化肉鸡养殖的福利操作指南。

本指南适用于肉鸡养殖福利操作。

## 2　规范性引用文件

下列文件中的条款通过本标准的引用而成为本标准的条款。凡是注日期的引用文件，其随后所有的修改单（不包括勘误的内容）或修订版均不适用于本标准，然而，鼓励根据本标准达成协议的各方研究是否可使用这些文件的最新版本。凡是不注日期的引用文件，其最新版本适用于本标准。

NY/T 388　畜禽场环境质量标准

GB 5749　生活饮用水卫生标准

GB 16548　畜禽病害肉尸及其产品无害化处理规程

GB/T 18635　动物防疫基本术语

GB/T 20014.6　良好农业规范　畜禽基础控制点与符合性规范

GB/T 20014.10　良好农业规范　畜禽基础控制点与符合性规范

GB/T 20014.11　良好农业规范　畜禽基础控制点与符合性规范

中华人民共和国动物防疫法

## 3　选址、布局

3.1　肉鸡养殖场（含种鸡场）和孵化厂的选址和规划参见 GB/T 20014.6 中的相关条款。符合当地整体规划，满足饲养规模的要求。

3.2　养殖场应建在交通方便、水源充足、远离工矿企业和居民区的地方。周围不能有有害气体和畜禽饲养场等污染源。

3.3　养殖场的设计应包括生活区、生产区及废弃物无害化处理区。生产区和生活区彼此独立，隔离。粪便污水处理设施和尸体焚烧炉应设在养殖场的生产区。生活区应位于厂区主导风向的下风向或侧风向处。养殖场内净道与污道应分开。

3.4 生产区的鸡舍能够满足肉鸡不同生长阶段对温度、湿度的需求。能够调节栋舍内的温度和湿度。以不同生长阶段的肉鸡自由舒适的活动，不出现聚堆或趋向通风口的状态为理想温度状态。

3.5 肉鸡饲养场的设计要有便于厂区防鸟和防啮齿类动物进入的设施。厂区不应种植易于鸟类栖息的高大植物，鸡舍应封闭或加装防护设备设施。

3.6 鸡舍的地面和墙壁应便于清洗，并能耐酸、碱等消毒药液清洗消毒。各种设备设施棱角圆滑，不使用有毒、有害、有刺激气味的油漆喷涂设备和设施。

3.7 鸡舍入口处应设有缓冲间、消毒、淋浴设施。

3.8 肉鸡的不同饲养阶段应全部采用地面或网上平面饲养。并有充足的垫料。垫料应在消毒后方能使用。

## 4 饲养管理

4.1 鸡舍内空气条件符合 NY/T 388 的要求。

4.2 肉鸡饲养场应实行全进全出的饲养模式，育雏和育成等不同生长期的肉鸡应分开饲养。

4.3 鸡舍内的最大饲养密度应适中。鸡舍内的肉鸡能自由活动，在伸展翅膀或下蹲时不会碰到其他肉鸡。

4.4 肉鸡能够自由采食和饮水。

4.5 饮用水的卫生指标应符合 GB 5749《生活饮用水卫生标准》的要求。

4.6 饲料应满足不同生长阶段对能量、维生素和矿物质的需要。

4.7 养殖场的排污应符合 GB 18596 标准的要求。

4.8 鸡舍内的光照强度应满足肉鸡采食、饮水、活动、交流的需要。

4.9 肉鸡养殖场的员工应经过培训且具备相关的能力和知识后才能参与兽药的使用和管理。

4.10 整个肉鸡饲养周期不得使用激素和治疗用的药物作为促生长剂。

4.11 不同兽药应按照要求分别储存，并按照要求使用。

4.12 种鸡的断喙、剪冠、断趾、断冠应有明确的操作程序和保护措施。

4.13 饲料

**4.13.1** 饲养肉鸡的饲料要能满足种鸡、商品肉鸡不同生理阶段对各种能量物质和营养物质的需要。

**4.13.2** 饲料的生产应建立可追溯性。

**4.13.3** 饲料的添加剂、矿物质和微量元素应符合国家的规定。

**4.13.4** 根据饲养场的具体情况，饲料中可以添加预防性兽药。但在出栏前至少一个兽药代谢周期内不应添加任何兽药。

**4.13.5** 使用添加兽药的饲料时，要实施残留监测。

**4.13.6** 不同种类和批次的饲料要单独存放，不能混杂，按照适用的生理阶段分别饲喂。

**4.13.7** 饲料的使用情况也应列入养殖档案中。

4.14 出栏的基本要求

**4.14.1** 种鸡淘汰出栏前不应强制换羽。

**4.14.2** 每个鸡笼所装肉鸡的数量根据肉鸡的体重决定，鸡笼内应能后转身、站立和俯卧。

**4.14.3** 将肉鸡装入鸡笼时，应营造安静、黑暗的鸡舍环境。

**4.14.4** 抓鸡人员应将鸡笼放在出栏肉鸡附近，尽量减少抓鸡到入笼的时间。

**4.14.5** 抓鸡是要轻握肉鸡的双爪，不要抓单腿或翅膀。

**4.14.6** 同一鸡舍的肉鸡要放在一个鸡笼中，用一辆车运输。

# 5 卫生防疫

## 5.1 与养殖周边环境的隔离

**5.1.1** 肉鸡养殖场、孵化场周围 3 千米范围内不得有其他禽类养殖场、集贸市场、家禽屠宰厂等。

**5.1.2** 肉鸡饲养场应掌握养殖场周边影响肉鸡健康的环境因素，包括：

**5.1.2.1** 毗邻区域家禽分布和野禽分布、迁徙情况以及规定动物疫病的状况；

**5.1.2.2** 毗邻区域家猪和野猪的分布；

**5.1.2.3** 人感染高致病性禽流感病例分布情况；

**5.1.2.4** 企业内禽舍分布情况及企业外卫生状况低下或卫生状况不明的禽类分布情况；

**5.1.2.5** 无自然防护林、封闭的隔离墙及可阻止病原传播的其他屏障；

**5.1.2.6** 湿地或可吸引大量野鸟的其他地理特点；

**5.1.2.7** 病原体在当地环境中的预期生存条件和存活能力；

**5.1.2.8** 季节气候因素。

## 5.2 免疫

**5.2.1** 免疫计划与养殖场所在地区的疫病流行趋势和饲养场的具体疫病情况相结合。

**5.2.2** 应建立书面的免疫程序,进行强制免疫。

**5.2.3** 免疫用的疫苗种类和免疫时间要做到低毒、高效。

**5.2.4** 疫苗接种时应采取气雾、饮水等方式,尽可能减少应激的产生。需要采取注射接种时,亦应采取控制人员、光照、动作等措施减少注射对肉鸡的应激。

**5.2.5** 按照不同疫苗作用的实效,制订免疫效果监测计划并有效实施。

**5.2.6** 根据免疫计划建立鸡群免疫档案。内容应包括:免疫种类、接种方式、抗体水平监测结果等。

## 5.3 疫病防治

肉鸡饲养场对各种疾病应实施预防为主。

**5.3.1** 预防的措施主要有厂区不同功能区域的隔离、适宜的温度湿度控制、科学有效的免疫计划、清洁消毒等措施。

**5.3.2** 当出现疫病时要积极治疗。

**5.3.3** 疫病的治疗应按照兽医的诊断和处方实施治疗。

**5.3.4** 治疗的兽药要按照国家的《残留监控计划》的监测项目选定允许使用的兽药和限定使用的兽药,禁止使用禁用兽药。限定使用的药物要按照休药期要求使用。

**5.3.5** 要在栋舍内设立病鸡隔离区,隔离病鸡和疑似病鸡。

**5.3.6** 饲养场的病鸡死鸡要按照 GB 16548 畜禽病害肉尸及其产品无害化处理规程处理。

**5.3.7** 发生需要上报的疫病疑似病例时应按照国家的规定实施上报。

**5.3.8** 对濒临死亡的病鸡进行屠宰或淘汰处理时,应遵守人道主义原则。避免其同类看到、听到处理的情形。

**5.3.9** 肉鸡养殖场应制订针对主要肉鸡病原体的监测和净化计划。

**5.3.10** 应随时防止其他动物入侵和伤害肉鸡。

**5.3.11** 肉鸡养殖场应制定并执行卫生规范。

**5.3.12** 按照不同药物和疫苗的要求管理和使用兽药。

# 第五章 集约化蛋鸡养殖福利操作指南

## 1 范围

本指南规定了蛋鸡场的设置与布局、禽舍建筑与设备、饲养工艺、动物福利要求、环境卫生管理、动物防疫和环境保护要求。

本指南适用于蛋鸡场的生产管理。

## 2 规范性引用文件

下列文件中的条款通过在本规范中引用，而成为本规范的条款。本规范出版时，所示版本均为有效。

中华人民共和国畜牧法 2005

中华人民共和国动物防疫法 2007

GB 13078—2001 饲料卫生标准

NY 5027 无公害食品 畜禽饮用水水质

GB/T 19525.2—2004 畜禽场环境质量评价准则

GB/T 18407.3—2001 农产品安全质量 无公害畜禽肉产地环境要求

GB 14554 恶臭污染物排放标准

GB 16549 畜禽产地检疫规范

GB 16567 种畜禽调运检疫技术规范

GB 18596 畜禽养殖业污染物排放标准

NY 10 种禽档案记录

HJ/T 81—2001 畜禽养殖业污染防治技术规范

## 3 选址、布局

### 3.1 选址

**3.1.1** 蛋鸡场的设置须符合国家要求，并取得《排污许可证》和《动物防疫合格证》。

**3.1.2** 周围 3 千米内无其他养禽场、屠宰加工场。

**3.1.3** 远离交通主干道，距离居民聚集区、河流 0.5 千米以上。

**3.1.4** 有利于动物卫生防疫和牧场废弃物的无害化处理。

**3.1.5** 环境符合 GB/T 19525.2—2004 畜禽场环境质量评价准则。

**3.1.6** 蛋鸡场的设置应按建设项目环境保护法律、法规的规定，进行环境影响评估后办理有关审批手续。

## 3.2 布局

**3.2.1** 蛋鸡场周围设防疫隔离墙和防疫沟。

**3.2.2** 建筑设施按生活管理区、办公区、生产区、隔离区四个功能区布局。各功能区周边建有围墙或相当围墙功能的隔离设施，界限分明。粪污处理设施和尸体焚烧炉或化尸池应设在鸡场的生产区。生活区应位于场区主导风向的下风向或侧风向处。

**3.2.3** 与外界接触要有专门道路相通。场区内设净道和污道，二者严格分开。

**3.2.4** 生活管理区设在场区常年主导风向上风处，设主大门及消毒池。区内建有生活、饲料仓库、车库等与外界接触密切的生产辅助设施。

**3.2.5** 办公区设在场区常年主导风向上风处，与生产区有一定的距离。

**3.2.6** 生产区设育雏、育成和产蛋三个区域。区内建有消毒更衣室或淋浴室。门口、区域之间和禽舍入口处设置消毒池。

**3.2.7** 隔离区设在场区常年主导风向下风处。建有兽医诊疗室、病死禽尸体解剖室、废弃物无害化处理，以及粪便、污水处理设施。粪便、污水处理设施应符合 HJ/T 81—2001 的规定。

**3.2.8** 建有专用的隔离棚舍，作为引种隔离舍。

## 3.3 设施

**3.3.1** 蛋鸡场设有围墙，墙外建设绿化带。

**3.3.2** 生产区内禽舍间的距离以 5 个禽舍高度计算。

**3.3.3** 禽舍之间建有乔木灌木相间的绿化带。

**3.3.4** 建筑形式为密闭式禽舍和开放式禽舍。

**3.3.5** 朝向考虑禽舍的采光、保温、通风及当地的主导风向，以朝南为主。

**3.3.6** 禽舍应设置乳头式、吊塔式或真空式饮水系统，不得使用开放式饮水系统。

**3.3.7** 饲养设备应根据种禽场不同条件和工艺流程要求，选用性能可靠，便于饲养操作和清洗消毒的专用设备。

**3.3.8** 禽舍及其活动场所四周地下应铺设 30 厘米以上的金属网（地下墙）作为防鼠设施。禽舍的门、窗等通风口或开口处和活动场所、水池四周及顶上应设防鸟设施。

**3.3.9** 密闭式禽舍内应设置通风、降温和科学合理的光照设施。

**3.3.10** 禽粪、污水等污物及时排除并消毒等无害化处理。

## 4 饲养管理

### 4.1 一般要求

**4.1.1** 为了保障家禽康乐与福利，要增加每只鸡占有的面积，添加栖木、产蛋巢、沙浴箱等设施。饲养密度合理，有条件的可以放弃笼养，采纳蛋鸡平养、自由放养和生态养殖等生产方式。

**4.1.2** 蛋鸡笼养饲养密度每平方米 3～4 只，使其能够正常地伸展或拍打翅膀，转身，啄理自己的羽毛等。每只母鸡至少占用 550 厘米$^2$、10 厘米长的料槽，每只笼两个饮水嘴，鸡笼笼高一般在 40 厘米，最低不低于 35 厘米，地面斜度不高于 8°，提供磨爪设施（Council Directive 1999/74/EC）。

**4.1.3** 鸡笼的结构与设置应避免鸡只不舒适，以及头、颈、身体、翅膀、趾等被笼子绊住，引起损伤。

**4.1.4** 各类蛋鸡饲养须达到和接近自然生活，或在准自然的环境中表达其正常行为，不受过分限制。

**4.1.5** 育雏与育成阶段保障合理的温度、通风；采用取材容易、价廉、无毒和干燥的垫料。

**4.1.6** 根据不同品种、日龄、类型蛋鸡特点制定饲料营养和饲养管理方案，为蛋鸡提供适宜的生长、生产环境。

**4.1.7** 同一时期只饲养同一个品种、类型、代次的种鸡。

**4.1.8** 严格实行全进全出的饲养工艺。全进全出时，两批之间必须有不少于 2 周的空舍消毒间隔。

### 4.2 人员配备及其能力

**4.2.1** 从业人员必须实行持证上岗制度。配备专职的畜牧、兽医技术主管。能够学习和掌握动物饲养管理和福利相关知识，熟悉家禽疾病学中常见疾病的病原学、流行病学、临床症状和病理变化等诊断技术，做好疾病的预防和治疗。

**4.2.2** 场长应具有大专以上学历、中级以上技术职称或具有职业资格证书。掌握动物饲养管理及福利相关知识与技术，掌握家禽生理学、行为学、营养代谢、环境卫生、饲养管理知识及技术。

**4.2.3** 从事繁育、饲养、营养、兽医等技术工作的人员，应具有中专以上相关专业学历及其相应的技术职称或职业资格证书。

**4.2.4** 技术工人应经过畜牧兽医职业技能培训和鉴定，获得畜牧兽医行业职业资格证书。

**4.2.5** 场内饲养、技术人员每年应进行健康检查，在取得健康证后方可上岗。

**4.2.6** 不断提高饲养管理人员的知识及技术水平，加强责任心，善待动物。

## 4.3 雏鸡引种要求

**4.3.1** 应来自非疫区，质量合格并有当地动物防疫监督机构出具的产地检疫合格证明，运输符合 GB 16567 的规定。引入前报本地动物防疫监督机构备案。

**4.3.2** 应从持有《种畜禽生产经营许可证》的种禽场购入，品种、代次符合生产经营许可范围。

**4.3.3** 引进国外种禽应按《中华人民共和国进出境动植物检疫法》规定执行。

## 4.4 蛋鸡保健

**4.4.1** 建立健全饲养管理制度。

**4.4.2** 按照《中华人民共和国动物防疫法》的各项规定，落实动物防疫措施，制订消毒、防疫、隔离、重大疫病上报等制度。

**4.4.3** 制定场长、兽医技术人员、饲养员防疫卫生岗位责任制。

**4.4.4** 饲料应来源于非疫区，无霉烂变质，未受农药或某些病原体污染。饲料和饲料添加剂的使用符合 GB 13078 和《饲料和饲料添加剂管理条例》的规定。

**4.4.5** 饮用水应符合 NY 5027 的规定。

### 4.5 供种要求

**4.5.1** 出场种鸡质量应符合《种禽供种质量和经营服务规定》。

**4.5.2** 出场种鸡应按照 GB 16549 的规定，由动物防疫监督机构实施产地检疫。

**4.5.3** 种鸡运输应符合 GB 16567 的规定，采用适宜的车辆和装载密度。

## 5 卫生防疫

### 5.1 消毒

**5.1.1** 进入生产区的门口须设有消毒池，定期更换消毒液。

**5.1.2** 凡进入生产区的车辆须进行消毒；进入生产区的所有工作人员应用消毒水洗手、戴工作帽、穿工作服和胶靴、经过消毒通道，或淋浴后更换衣鞋。工作服、帽等应保持清洁，并定期消毒。

**5.1.3** 严格按制订的消毒制度，定期进行场内外环境、禽舍环境和饮水消毒，并观察和监测消毒效果。疫病流行期间，应增加消毒次数。夏季做好灭蚊、蝇工作。

**5.1.4** 应根据消毒剂的特性和场内卫生状况等选用不同的消毒剂，以获得最佳消毒效果。使用的消毒剂应安全、高效、低毒低残留且配制方便，符合 HJ/T 81—2001 的规定。

### 5.2 免疫

**5.2.1** 根据本地疫病的流行情况、发生种类、特点及市、区（县）动物防疫机构制订免疫程序，结合本场实际情况，确定免疫接种内容、方法和程序。

**5.2.2** 根据国家和本地的有关规定，对重点疫病实施强制免疫。

### 5.3 疫病监测

**5.3.1** 严格执行《中华人民共和国动物防疫法》，接受动物防疫机构的疫病监测，配合做好疫病监测用样品的采集工作。

**5.3.2** 对已发生疑似传染病的蛋鸡，必须立即隔离，通知动物防疫机构，并将疫病确诊所需样品送往指定实验室进行诊断。

**5.3.3** 引入的种鸡必须在隔离棚舍内饲养不少于 21 天，经检疫合格后方可移入生产区饲养。

**5.3.4**　病死鸡及废弃物按 GB 16548 规定进行无害化处理。粪便、垫料和污水按 HJ/T 81—2001 规定进行无害化处理。污染物的排放应符合 GB 18596 的规定。

**5.3.5**　场内不准饲养或食用外来的禽、鸟及其产品。

**5.4**　制订蛋鸡常见寄生虫的驱虫方案和驱虫程序，应选用高效、安全、广谱、低残留的抗寄生虫药实施驱虫。

**5.5**　预防和治疗所用的兽药必须按照农业部《食品动物禁用的兽药及其他化合物清单》[2002] 1 号文件的规定执行。严禁采购、使用未经兽医药政部门批准的或过期、失效的产品。

# 第六章　肉羊福利养殖福利操作指南

## 1　范围

本指南规定了集约化肉羊福利养殖过程中设施设备、饲养管理和卫生防疫的操作原则。

本指南适用于肉羊养殖过程中基本的动物福利要求。

## 2　规范性引用文件

下列文件中的条款通过本规范的引用而成为本规范的条款。凡是注日期的引用文件，其随后所有的修改单（不包括勘误的内容）或修订版均不适用于本规范，然而，鼓励根据本规范达成协议的各方研究是否可使用这些文件的最新版本。凡是不注日期的引用文件，其最新版本适用于本规范。

DB11/T 428—2007　种羊场舍区、场区、缓冲区环境质量

DB11/T 551.3—2008　无公害食品　畜禽场环境质量　第3部分：羊场环境质量

DB11/T 579—2008　种山羊生产技术规范

DB34/T 441—2004　山羊种公羊饲养管理技术规程

DB34/T 444—2004　山羊育肥技术规程

DB34/T 897—2009　肉山羊健康养殖技术规范

GB 15618　土壤环境质量标准

GB 5749　生活饮用水卫生标准

GB 7959　粪便无害化卫生标准

GB 16548　病害动物和病害动物产品生物安全处理规程

GB 18393—2001　牛羊屠宰产品品质检验规程

GB 18596　畜禽养殖业污染物排放标准

GB/T 18407　农产品安全质量　无公害畜禽肉用产地环境要求

GB/T 18635　动物防疫基本术语

GB/T 19526—2004　羊寄生虫病防治技术规范

NY 5148—2002　无公害食品肉羊饲养兽药使用准则

NY 5149—2002　无公害食品　肉羊饲养兽医防疫准则

NY 5150—2002　无公害食品　肉羊饲养饲料使用准则

NY/T 816—2004　肉羊饲养标准

中华人民共和国动物防疫法

## 3　选址、布局

### 3.1　选址

建筑用地应符合当地村镇发展规划和土地利用规划的要求，羊场环境应符合 GB/T 18407 的规定。

**3.1.1**　养殖场应选择地势高燥、水源充足、背风向阳、交通方便、远离工矿企业和居民区的地方。

**3.1.2**　肉羊养殖场场区周围 3 千米内无大型化工厂、采矿厂、皮革厂、肉品加工厂、屠宰厂及畜牧场等污染源；村镇居民区和公共场所、干线公路、铁路应在 0.5 千米以上。

**3.1.3**　场区内土壤环境质量应符合 GB 15618 的规定。

**3.1.4**　饮水源应在场区上风处，水质符合 GB 5749 的规定。

### 3.2　布局

**3.2.1**　养殖场的设计应包括生活区、生产区及废弃物无害化处理区。生产区和生活区彼此独立、隔离。生活区应位于厂区主导风向的上风向或侧风向处。要在栋舍外设立专用的病羊隔离区，隔离病羊和疑似病羊。

**3.2.2**　羊舍的地面和墙壁应便于清洗和粪便的排除，可以设计为砖铺地面和漏缝地面，舍内地面要高于舍外地面15厘米。

**3.2.3**　羊舍入口处应设有缓冲间、消毒、淋浴设施。

**3.2.4**　养殖场内净道与污道应分开，互不交叉。

**3.2.5**　养殖场的排污、粪便无害化处理应符合 GB 18596 和 GB 7959 的要求。

## 4　饲养管理

### 4.1　饲料

**4.1.1** 饲料的添加剂、矿物质和微量元素应符合 NY 5150—2002 的要求。

**4.1.2** 可以添加药物性添加剂，但在出栏前至少一个药物代谢周期内应停药。

**4.1.3** 不同种类和批次的饲料要单独存放，不能混杂，按照适用的生理阶段分别饲喂。

**4.1.4** 饲料的使用情况也应列入养殖档案中。

4.2 生产区的羊舍应能够满足肉羊不同生长阶段对温度、活动空间的需求，母羊面积为 1.3～1.6 米²/只，公羊为 2.5～3.5 米²/只，育成羊为 0.5～0.7 米²/只，羔羊为 0.3～0.5 米²/只。

4.3 按照性别、年龄、生长发育阶段设计羊舍，分阶段单独饲养。

4.4 断尾、去势、去角、打耳标等应有明确的操作程序和保护措施。

4.5 对种公羊按照 NY/T 816 执行，配种前 1～1.5 个月增加料量，按配种期喂给量的 60%～70%补给，逐渐增加到配种期精料的喂给量。

4.6 对种母羊按照 NY/T 816 执行。

4.7 肉羊能够自由采食和饮水。饮用水的卫生指标应符合 GB 5749 生活饮用水卫生标准的要求。

4.8 出栏

无论是种用肉羊和商品代肉羊，出栏时应充分考虑到肉羊的福利要求。

**4.8.1** 种羊出栏前应进行一次群检。

**4.8.2** 每个羊车厢内所装肉羊的数量根据肉羊的体重决定，羊在车厢内应能后转身、站立和俯卧。

**4.8.3** 出栏肉羊在屠宰前断食不能超过 12 小时，断水不能超过 3 小时。

**4.8.4** 运输肉羊的车辆要有防护雨雪的设施。车辆行驶时应有防止风直接吹到肉羊身体的设施。

**4.8.5** 肉羊的运输不应超过 4 小时。超过 4 小时要提供饲料和饮水。

**4.8.6** 肉羊运输时车速要平稳，不应紧急启动和紧急停车。

**4.8.7** 肉羊屠宰应符合 GB 18393 要求。

# 5 卫生防疫

## 5.1 免疫

**5.1.1** 免疫计划的制订应与养殖场所在地区的疫病流行情况和饲养场的

具体疫病情况相结合。

**5.1.2** 应建立书面的免疫程序，按照不同疫苗作用的实效，制订免疫效果监测计划并有效实施。

**5.1.3** 免疫用的疫苗种类和免疫时间要做到低毒、高效，按照 NY 5148 的规定执行。

**5.1.4** 根据免疫计划建立羊群免疫档案。内容包括有关羊群和疫苗信息、疫苗种类、免疫方式、免疫时间、抗体水平监测结果等。

## 5.2 疫病防治

**5.2.1** 采取预防为主的原则，治疗时按照 NY 5149 的要求执行，驱虫时按照 GB/T 19526 执行。

**5.2.2** 对濒临死亡的病羊进行屠宰或淘汰处理时，应遵守人道原则，避免其同类看到、听到处理的情形。

**5.2.3** 饲养场的病羊、死羊要按照 GB 16548 处理。

**5.2.4** 发生须上报疫病的疑似病例时，应按照国家的规定实施上报。

# 第七章　肉牛养殖福利操作指南

## 1　范围

本指南规定了规模化肉牛不同养殖阶段的福利操作的原则。
本指南适用于肉牛养殖过程中的动物福利保障要求。

## 2　规范性引用文件

下列文件中的条款通过本规范的引用而成为本规范的条款。凡是注日期的引用文件，其随后所有的修改单（不包括勘误的内容）或修订版均不适用于本规范；然而，鼓励根据本规范达成协议的各方研究是否可使用这些文件的最新版本。凡是不注日期的引用文件，其最新版本适用于本规范。

NY/T 388　畜禽场环境质量标准

GB 5749　生活饮用水卫生标准

GB/T 18635—2002　动物防疫基本术语

GB/T 20014.6　良好农业规范　畜禽基础控制点与符合性规范

GB/T 20014.7　良好农业规范　牛羊控制点与符合性规范

GB 13078—2001　饲料卫生标准

NY 5127—2000　无公害食品　肉牛饲养饲料使用准则

NY/T 5128—2002　无公害食品　肉牛饲养管理准则

中华人民共和国动物防疫法　2007

动物防疫条件审查办法　农业部　2010

## 3　选址、布局及设施要求

### 3.1　选址

**3.1.1**　规模化肉牛养殖场的选址和规划参见 GB/T 20014.6 中的相关条款，并严格遵守《中华人民共和国动物防疫法》、《动物防疫条件审查办法》的相关要求。符合当地的整体规划和环保要求，满足饲养规模的要求。

**3.1.2**　养殖场应建在地势稍高、交通方便、水源充足、远离化工厂和居民生活区的地区，周围无化工污染，无噪音污染，无地方病。

**3.1.3**　距离生活饮用水源地、动物屠宰场、动物和动物产品集贸市场、距离动物隔离场所、无害化处理场所 3 千米以上；距离城镇居民区等人口集中区域及公路、铁路等主要交通干线 0.5 千米以上（《动物防疫条件审核管理办法》）。

**3.1.4**　养殖场的土质以沙壤土为好。土质要求松软，透水性强，雨水、尿液不易积聚。

**3.1.5**　养殖场选址符合兽医卫生和环境卫生的要求，周围无传染源。

## 3.2　布局

**3.2.1**　养殖场的设计应包括：生产区、生活区、隔离区、病牛舍、兽医室及废弃物无害化处理区等，场区周围建有围墙。

**3.2.2**　场区出入口处设置与门同宽的消毒池。

**3.2.3**　生活区和生产区之间要有一定距离并有隔离设施。生活区设在地势较高的上风头。

**3.2.4**　隔离区是健康牛与病牛之间的隔离区域，至少 0.1 千米以上。

兽医室、病牛舍和废弃物无害化处理区应设在牛场下风向，位于相对偏僻一角，便于隔离，减少空气和水的污染传播。

**3.2.5**　养殖场内净道和污道应分开。

**3.2.6**　生产区牛舍的设计

**3.2.6.1**　牛舍的形式依据饲养规模和饲养方式而定。牛舍的设计和建造应便于饲养管理，便于采光，夏季防暑，冬季防寒，便于防疫。

**3.2.6.2**　牛舍以坐北朝南或东南为好。

牛舍应通风良好，舍内温度和湿度应适宜，相对湿度为 55%～75%。

牛舍要有一定数量和大小的窗户，以保证太阳光线充足和空气流通。

**3.2.6.3**　牛舍周围环境应无噪音、尘埃、潮气、有害气体等。

**3.2.6.4**　牛床一般要求是长 1.6～1.8 米，宽 1.0～1.2 米，坡度为 1.5%。

**3.2.6.5**　料槽、水槽设计应便于清洗。

**3.2.6.6**　地面设计应便于粪便的清理，便于肉牛的躺卧，不用漏缝地板。

**3.2.6.7**　给牛提供避风、雨、雪的庇护场所。

**3.2.6.8**　运动场的大小以牛的数量而定，每头牛占用面积大致为，成年牛 15～20 米$^2$，育成牛为 10～15 米$^2$，犊牛为 5～10 米$^2$。育肥牛一般限制运动，饲喂后拴系在运动场上休息。

### 3.3 设备

**3.3.1** 养殖场入口处及生活区到生产区的门口要设与大门等宽的消毒池，内置消毒液，并定期更换消毒液。

**3.3.2** 生产区有良好的采光、通风、取暖、降温等设施设备。

**3.3.3** 新建的养殖小区应注重考虑动物福利，可以在牛舍内安装彩色电视或音响设备等。

**3.3.4** 牛舍地面和墙壁选用对牛没有伤害的适宜材料，安全环保，并便于清洗消毒。

**3.3.5** 配备设施完善的兽医室。

**3.3.6** 有与生产规模相适应的无害化处理、污水污物处理设施设备。

**3.3.7** 有相对独立的引入动物隔离舍和患病动物隔离舍。

**3.3.8** 有相应的电力设施和消防设施。

**3.3.9** 养殖场要有专用道路与主要公路相连，便于饲草饲料、架子牛等的运输和工作人员的进出。

## 4 饲养管理

**4.1** 养殖场需配备与养殖规模相匹配的执业兽医师。

**4.2** 养殖场有相关的技术人员和饲养员，饲养员在上岗前要进行一定的技术培训和动物福利、动物伦理等相关知识培训。

**4.3** 饲养员要有一定的责任心，能掌握牛的正常行为和异常行为，能通过行为观察了解牛的健康状况。

**4.4** 养殖场要建立相应的管理系统，在生产、饲养、防疫、消毒等关键环节建立督察档案记录制度。

### 4.5 饲料

**4.5.1** 肉牛饲养中常用的饲料种类有粗饲料、青绿多汁饲料、青贮饲料、能量饲料、蛋白质饲料和矿物质饲料。

**4.5.2** 各类饲料及原料应摆放整齐并标记清楚。青绿饲料、草料等应无发霉、变质、结块和异味等现象，抽样检测合格后方可入库。

**4.5.3**　严禁使用国家明令禁止的所有药物。

**4.5.4**　使用药物性饲料添加剂时，严格按照《饲料和饲料添加剂管理条例》执行休药期；饲料原料、草料要符合《农业转基因生物安全管理条例》和《兽药管理条例》的规定。

**4.5.5**　可以合理使用动物保健添加剂，如中草药保健添加剂和益生菌等。

## 4.6　犊牛饲养管理

**4.6.1**　犊牛应在出生6小时内饲以初乳，使犊牛获得免疫力。

**4.6.2**　及时补饲，促进犊牛发育。

**4.6.3**　舍饲情况下，犊牛出生后1周开始训练采食干草，同时开始训练采食精料。

**4.6.4**　注意饮水、补充维生素。

**4.6.5**　断奶期的管理应规范。犊牛哺乳期5～6个月，可使用人工乳头来增加哺乳时间，防止幼犊吮吸等异常行为产生。

**4.6.6**　犊牛去角时，一般在7～10日龄，常用电烙法和化学方法。

**4.6.7**　饲养方式不用限位栏或限位笼。

### 4.7　育肥牛饲养管理

**4.7.1**　应根据肉牛的品种、年龄、体重、体型等不同来选择架子牛育肥。

**4.7.2**　引进的架子牛经过10天左右的休息适应后即可开始育肥。

**4.7.3**　饲养方式分为围栏育肥饲养和栓系育肥饲养，提倡有条件的育肥场实行围栏育肥饲养。

**4.7.4**　饲养中所用的饲料要求饲喂时无霉变、无变质。

**4.7.5**　定期对育肥肉牛称重，一般每月称重一次。或在架子牛接收时称重、育肥过程中称重、育肥结束后称重、出栏时称重。

**4.7.6**　育肥期应保证"三定"，即定牛位、定时喂、定食量。

要及时清除舍内垃圾，保持舍内的清洁卫生，以减少疾病和传染病的发生。

**4.7.7**　经常刷拭皮毛，最好干刷。

**4.7.8**　在育肥期要保证牛的充分休息，不要使役，以防影响育肥效果。

# 5　卫生防疫

## 5.1　消毒

**5.1.1**　选择对人、肉牛和环境比较安全，没有残留毒性，对设备没有破坏，在牛体内不会产生有害积累的消毒剂。

**5.1.2** 对清洗后的牛舍、带牛环境、牛场道路和周围环境以及进入场区的车辆等可用喷雾消毒。

**5.1.3** 在牛场、牛舍入口设消毒池，定期更换消毒液。

**5.1.4** 在牛舍周围、入口、产床和牛床下面撒生石灰、氢氧化钠等进行喷洒消毒。

**5.1.5** 工作人员进入生产区净道和牛舍要更换工作服和工作鞋、经紫外线消毒。

**5.1.6** 禁止外来人员进入养殖场，如需要进入需经兽医人员同意方可进入。必须进入生产区时，应更换场区工作服和工作鞋，经紫外线消毒，并遵守场内防疫制度，按指定路线行走。

## 5.2 检疫

**5.2.1** 对采购来的架子牛进行疫情调查，架子牛产地必须出具县级以上的检疫证、防疫证、非疫区证件。

**5.2.2** 经过运输的架子牛到育肥场要再次进行检疫，经检疫合格才能被饲养。

## 5.3 免疫

**5.3.1** 根据国家有关规定以及本地区和本场的疫病流行状况制订免疫计划，对规定疫病和有选择的疫病进行预防接种工作，并注意选择适宜的疫苗、免疫程序和免疫方法。

**5.3.2** 根据免疫计划和动物保健计划建立免疫档案，定期注射防疫疫苗。档案信息应包括：免疫种类、接种方式、抗体水平监测结果等。

# 第八章　肉鸭养殖福利操作指南

## 1　范围

本指南规定了肉鸭福利养殖生产过程中环境要求、饲养管理、兽医防治、检疫、日常记录和运输等福利养殖关键环节的操作要求。

本指南适用于福利养殖商品肉鸭的饲养管理。

## 2　规范性引用文件

下列文件中的条款通过本指南的引用而成为本指南的条款。凡是注日期的引用文件，其随后所有的修改单（不包括勘误的内容）或修订版均不适用于本指南，然而，鼓励根据本指南达成协议的各方研究是否可使用这些文件的最新版本。凡是不注日期的引用文件，其最新版本（包括所有的修改单）适用于本指南。

GB 50188　村镇规划标准

GB 15168　土壤环境质量标准

GBJ 39　村镇建筑设计防火规范

GB 50222　建筑内部装修设计防火规范

GB 13078　饲料卫生标准

GB 16548　病害动物和病害动物产品生物安全处理规程

GB 16549　畜禽产地检疫规范

GB 18596　畜禽养殖业污染物排放标准

NY/T 1168　畜禽粪便无害化处理技术规范

NY/T 5030　无公害食品　畜禽饲养兽药使用准则

NY/T 5032　无公害食品　畜禽饲养和饲料添加剂使用准则

NY 5263　无公害食品　肉鸭饲养兽医防疫准则

中华人民共和国防疫法

《禁止在饲料和动物饮用水中使用的药物品种目录》农业部、卫生部、国

家药品监督管理局第 176 号（2002）公告

中华人民共和国兽药典（2010 年）

## 3 选址、布局

### 3.1 选址

**3.1.1** 建场用地应符合当地村镇发展规划和土地利用规划及 GB 50188 关于畜禽场饲养土地规划的要求。土壤质量应符合 GB 15168 的规定。

**3.1.2** 鸭场不允许建在国家和地方法律法规划定的饮用水源、旅游区、自然保护区、食品厂等区域及其上游区域，远离这些区域 2 千米以上。鸭场应建在地势高燥、背风、向阳、水源充足、无污染、排水方便、隔离条件良好的区域。鸭场周围 3 千米内无大型化工厂、矿场、动物隔离场所、无害化处理场所、屠宰厂、肉品加工厂或其他畜禽场等污染源。鸭场距离干线公路、村庄、学校、医院、乡镇居民区等至少 0.5 千米以上。鸭场周围有围墙或防疫沟，并建立绿化隔离带。

### 3.2 布局

**3.2.1** 鸭场分为生活区（包括办公区）和生产区，生活区和生产区彼此独立。生活区在生产区的上风向或侧风向处。鸭舍在生产区的上风向，污水、粪便处理设施和病死鸭处理区在生产区的下风向或侧风向处。鸭场净道和污道分离。

**3.2.2** 新建或改建的肉鸭场须首先考虑肉鸭福利，应设紧急撤退通道，有足够的门和通路等应急突发情况。办公区域电话旁应有指示标明如何安全到达并进入鸭舍进行救援。

**3.2.3** 鸭舍建筑设计材料及内部设备应符合 GBJ 39 和 GB 50222 的防火要求。电力、燃气和动力油供应位置设计应合理，以免出现灾情时漫延至设备和垫料。

**3.2.4** 应将报警系统和动力控制按钮设在鸭舍外侧，以便发现灾情，关闭动力控制按钮，并采取救援措施。供电设施应接地，其安放位置应远离肉鸭群体，以免肉鸭接触供电设施。

**3.2.5** 鸭舍设计（尤其是鸭舍高度）须尽可能减少肉鸭的伤害、痛苦和不适感，同时有利于人员操作和巡视鸭群。

**3.2.6** 鸭舍便于消毒和防疫，墙体坚固，内墙壁表面平整光滑，墙面不易脱落，耐磨损，耐腐蚀，不含有毒有害物质。舍内建筑结构应利于保温、隔热、降温和通风换气，并具有防鼠、防虫和防鸟设施。

**3.2.7** 半封闭式饲养时运动场内设洗浴池、水槽或淋浴池，封闭式饲养时在舍内网上设水槽供肉鸭洗浴。

**3.2.8** 鸭舍内地面（金属网或栅条）设计不应对肉鸭造成伤害，加热、通风、光照、喂料、饮水及其他设备的设计、布局和安装不应对肉鸭造成伤害。一旦造成伤害，应立即采取补救措施。

## 4 饲养管理

所有喂料、饮水、通风、加热、光照、报警和灭火设备应保持清洁，且状态良好，自动化设备应有控制失灵时的报警和补救设施，以免影响肉鸭福利。禁止断喙、断趾、断翅等伤害肉鸭行为。

### 4.1 饲养人员

**4.1.1** 所有饲养人员上岗前应经福利养殖知识培训。

**4.1.2** 饲养场负责人应采取措施预防火灾、断水、断电、断饲料等情况，确保所有员工熟悉如何处理应急状况，在突发情况发生时至少有一名员工可以立即采取措施进行救援。

**4.1.3** 饲养人员能明确从活力、警觉性、眼神、姿势、采食、饮水、羽毛色泽、皮肤色泽、胫色泽和脚色泽等方面判定肉鸭是否正常。

**4.1.4** 饲养人员能明确判定肉鸭是否处于健康状态，能在疾病发生早期从采食、饮水、梳洗羽毛行为、活力、腹泻、眼睑下垂等行为中发现症状、分析原因并立即采取措施。若原因不明确，且采取的措施没有效果时，须尽快获得兽医或专家的建议。

**4.1.5** 肉鸭在出现外伤、骨折和肛门下垂时须隔离并采取处理措施，若不能治愈，则尽快进行适当处置。

### 4.2 饲养方式

饲养方式有半封闭式饲养和封闭式饲养，封闭式饲养鸭舍采用网上平养或网面与地面相结合的饲养方式，金属网面积不超过舍内地面的1/4～1/3，且在网上放置料槽和水槽；半封闭式饲养鸭舍内部与封闭式饲养方式相同。1～3周龄须采用封闭式饲养，4周龄后可据气温状况采用封闭式或半封闭式饲养，饲养地面必须铺充足的垫料。网上平养则应网面平滑，同时应避免肉鸭跌落至地面，以防肉鸭受伤。垫料堆放须远离鸭舍，以免引起火灾。

### 4.3 饲料营养

**4.3.1** 使用优质饲料原料，不得使用发霉变质的饲料原料，原料中的粗蛋白、粗纤维、灰分、杂质、水分等在饲料用原料国家标准规定范围之内。不应使用含有影响肉质风味和肉质颜色的饲料原料。

**4.3.2** 饲料配制应以肉鸭生长发育各阶段的营养需要量为依据进行配制，各种饲料原料的配合比例合理。肉鸭饲料营养成分含量应达到饲养品种的指标要求。

**4.3.3** 肉鸭饲料卫生指标应达到 GB 13078 的要求，饲料添加剂的使用应符合 NY 5032 的要求。

**4.3.4** 肉鸭饲料中不应使用未经国家主管部门批准使用的添加剂等。

**4.3.5** 不应使用被污染的饲料、未经无害化处理的畜禽副产品。

**4.3.6** 饲料应存放在干燥的地方，不应将饲料放置在鸭舍内。

### 4.4 饮水

**4.4.1** 雏鸭出壳后 24～36 小时进行第一次饮水，水温 20℃左右，第一次饮水可用 5％葡萄糖水加 0.1％维生素 C，确保所有雏鸭都喝到水。

**4.4.2** 肉鸭饲养全程自由饮水，水温不宜太低，不能断水，水质应符合 NY 5027 的要求。

**4.4.3** 在 0～3 周龄内每只肉鸭提供 2～3 厘米宽饮水位置，4 周龄后提供 4～6 厘米宽饮水位置，水深超过肉鸭喙长，确保肉鸭可自由饮水和梳洗羽毛。

**4.4.4** 饮水器边缘高度与鸭背高度一致。每日清洗饮水设备，保证饮水设备清洁。

### 4.5 饲喂

**4.5.1** 雏鸭在第一次饮水后 2～4 小时或 80％以上雏鸭有强烈采食欲望时进行第一次投料。第一次投料可用无毒并经消毒的油纸、塑料布或浅盘，投料点充足，确保所有雏鸭能同时吃到饲料。

**4.5.2** 采用自由采食或定期饲喂，最初应根据鸭群采食情况少喂勤添，逐步过渡到定期饲喂。定期饲喂时 3 周龄内每 3～4 小时投料一次，随着肉鸭日龄的增加逐步延长投料间隔时间，适当增加每次投料量。25～30 日龄后，每 6～8 小时投喂一次饲料，投料时间最好安排在白天，以利于鸭群夜间休息。

**4.5.3** 在 0～3 周龄时每只肉鸭提供 2～3 厘米宽采食位置，4 周龄后提供 5 厘米采食位置，确保肉鸭可自由采食。料槽或料桶边缘高度与鸭背高度一致。

## 4.6 温度

1～3 日龄雏鸭舍内温度宜保持在 30℃以上，之后鸭舍内环境温度每周降低 3～4℃，至 3 周龄时达 18～21℃。3 周龄内应避免肉鸭因低温发生挤压导致肉鸭窒息死亡，4 周龄以上则应避免肉鸭长时间处于高温状态。

## 4.7 湿度

肉鸭舍内地面、垫料应保持干燥、清洁。第一周鸭舍相对湿度控制在65%～70%，第二周控制在 60%，第三周后控制在 50%～55%。

## 4.8 饲养密度

**4.8.1** 肉鸭饲养应据鸭舍建筑结构、品种、品系、类型、群体大小、温度、通风、光照等选择合适的饲养密度以满足肉鸭的福利需求。

**4.8.2** 必须使肉鸭在鸭舍内可站立、自由运动、随意伸展翅膀，鸭舍高度应使头和颈能自由运动。

**4.8.3** 具体饲养密度见表 1。

表 1　肉鸭饲养密度（只/米$^2$，半封闭式饲养按舍内面积计算）

| 品种 | 饲养方式 | 周　齢 | | | | | |
| --- | --- | --- | --- | --- | --- | --- | --- |
| | | 1 | 2 | 3 | 4 | 5 | 6 周龄至上市 |
| 大型肉鸭品种（北京鸭） | 网上平养 | ≤35 | ≤20 | ≤10 | ≤8 | ≤6 | ≤5 |
| | 地面平养 | ≤25 | ≤15 | ≤8 | ≤6 | ≤4 | ≤4 |
| 中小型肉鸭品种 | 网上平养 | ≤40 | ≤30 | ≤28 | ≤25 | ≤20 | ≤10 |
| | 地面平养 | ≤30 | ≤25 | ≤20 | ≤18 | ≤15 | ≤8 |

## 4.9 光照

**4.9.1** 无论自然光照或人工光照，光照强度须使肉鸭能看清物体，不宜使用 24 小时光照，应让肉鸭有处于黑暗的经历，以免因突然断电导致肉鸭惊群。

**4.9.2** 出壳至 1 周龄，每日 23 小时光照，光照强度为 10～15 勒克斯。1 周龄后逐渐减少光照时间，直至白天使用自然光照，早晚开灯喂料，夜间光照强度为 10～15 勒克斯。白天使用自然光照应避免长时间的强光直射。

**4.9.3** 夜间休息时应用弱光照或通过窗户接受弱光照，以免因车灯或飞鸟等原因使肉鸭受到惊吓。鸭舍内应备有应急灯。

### 4.10 通风

在保证舍内温度的情况下尽可能通风换气，减少鸭舍内氨气、硫化氢、二氧化碳、一氧化碳、粉尘、气载微生物等含量，舍内空气质量应符合 NY/T 388 的要求。

### 4.11 洗浴

提供充足水源供肉鸭洗浴，夏季可在运动场设多孔水管供肉鸭洗浴，若用水槽蓄水洗浴则水深至少可供肉鸭洗颈及全身。水槽或洗浴场保持清洁，每天至少清洗一次。

### 4.12 巡视

每天至少巡视鸭场一次，观察肉鸭状态及反应，确保肉鸭福利，发现病残鸭，立即隔离，由兽医进行诊治，死鸭装袋密封后焚烧或深埋。尽量固定日常管理时间和路线，避免管理改变使鸭群不适应，避免噪音等污染惊吓鸭群。经常视察喂料饮水设备是否破损，定期消毒设备。经常视察饲料或垫料是否发霉变质，尤其垫料不应潮湿，以免滋生有害微生物。

### 4.13 生产记录

建立生产记录档案，鸭场饲养出栏的每批肉鸭应有完整的记录。记录内容应包括饲养的肉鸭品种、进雏日期与数量、饲养管理记录、饲料及饲料添加剂采购和使用、饲喂量、鸭舍温度、饲养密度、卫生消毒记录、外来人员参观登记、免疫、兽药使用、发病、废弃物处理、活禽检疫、销售及可追溯资料等情况。所有记录档案应有相关人员签字，并在出售或清群后妥善保存 2 年。

### 4.14 出栏

肉鸭出栏前 6 小时停料，不停水。抓鸭、装笼、搬运和卸载时动作要轻，以防挤压和碰伤，操作人员尽可能避免肉鸭惊群，从而造成伤害甚至因堆压窒死。上市肉鸭可抓脖颈且另一手托鸭体，也可双手将肉鸭翅膀收拢并护肉鸭两侧抓运，不得抓握双腿投掷肉鸭。

## 5 卫生防疫

### 5.1 生物安全措施

**5.1.1** 养殖场员工应定期进行健康检查。

**5.1.2** 工作人员进入饲养区应洗手及更换场区工作服、工作鞋。工作服、鞋应保持清洁，并定期清洗、消毒。饲养员不应互相串舍。技术管理人员、兽医师在巡视时应按既定路线行走，先幼龄鸭群，后老龄鸭群。

**5.1.3** 未经允许，外来人员和车辆禁止进入场内。在许可进入的情况下，人员和车辆必须消毒后方可进入。

**5.1.4** 肉鸭饲养宜实行全进全出制度。至少每栋鸭舍饲养同一日龄的肉鸭，同时出栏。

**5.1.5** 禁止在鸭场内饲养其他畜禽。禁止任何人员携带禽产品进入场内饲养区，禁止已出场鸭再返场饲养。

**5.1.6** 弱鸭应隔离饲养，病鸭、残鸭应由兽医进行诊治，死鸭按 GB 16548 的规定处理。

**5.1.7 灭鼠**

定期、定时、定点投放灭鼠药，控制啮齿类动物，及时收集死鼠和残余鼠药并做无害化处理。

**5.1.8 杀虫**

用高效低毒化学药物杀虫，防止蚊蝇等昆虫传播传染病。喷洒杀虫剂时避免伤害鸭体，避免污染饲料和饮用水。

**5.1.9 防鸟类**

维护鸭舍周围环境卫生，加强门窗管理，防止鸟类或其他动物进入鸭舍。合理储存鸭用饲料，防止鸟类啄食污染饲料。

### 5.2 消毒

#### 5.2.1 消毒剂

消毒剂应选择符合《中华人民共和国兽药典》规定且经国家主管部门批准、有生产许可证和批准文号的消毒剂。消毒剂应对人和鸭安全，对设备腐蚀性小、环境污染小，在自然界中能分解为无毒、无害产物。消毒剂及其分解产物在动物体内无累积作用。

**5.2.2 消毒制度**

**5.2.2.1** 环境消毒。生产区和鸭舍门口设消毒池，池内消毒液应定期更换。车辆进入鸭场应通过消毒池，并用消毒液对车身进行喷洒消毒。鸭舍周围环境每周消毒 1 次。鸭场周围及场内污水池、排粪坑和下水道出口每月消毒 1 次。

**5.2.2.2** 人员消毒。工作人员和经许可进入生产区的外来人员进入生产区应更换工作服、工作鞋，经紫外灯消毒后脚踏消毒池，按指定路线行走，并记录在案。

**5.2.2.3** 鸭舍消毒。在进鸭或转群前鸭舍应彻底清扫和清洗，严格消毒，消毒程序一般为"清扫—高压清洗—火焰消毒—干燥—喷洒消毒—干燥—熏蒸"。

**5.2.2.4** 用具消毒。鸭舍工具固定，不得互相串用，进鸭舍的所有用具必须消毒。定期对喂料器、饮水器、清扫和运输工具等用具进行清洗、消毒。

**5.2.2.5** 带鸭消毒。带鸭消毒宜选择刺激性相对较小的消毒剂。场内无疫情时，3 周龄内每隔 2～3 天带鸭消毒 1 次，4 周龄后可每 2 周 1 次。有疫情时，每隔 1～3 天带鸭消毒 1 次。

## 5.3 防疫

疫病预防和疫病控制遵照 NY 5263 执行。免疫接种或注射宜由熟练工操作，以免肉鸭受伤。

## 5.4 兽药使用

### 5.4.1 药物性饲料添加剂

肉鸭饲料中使用药物性饲料添加剂应符合 NY 5030 和农业部、卫生部、国家药品监督管理局第 176 号公告的规定。饲料中不应添加激素、砷制剂（包括有机砷制剂）等化学品或生化制剂等违禁药物。

### 5.4.2 治疗性药物

严格遵守 NY/T 5030 和农业部、卫生部、国家药品监督管理局第 176 号公告的规定，不应使用禁用药物。

### 5.4.3 停药期

肉鸭在出栏前应停止使用一切药物及药物性饲料添加剂。休药期长短取决于所用药物品种，应符合 NY/T 5030 的规定。

## 5.5　废弃物的处理

### 5.5.1　垫料和粪尿的处理

使用垫料的饲养场，饲养过程中垫料潮湿要及时清除、更换，鸭出栏后一次性清理垫料，网上饲养时应及时清理粪便。清出的垫料和粪便在固定地点按 NY/T 1168 的要求进行无害化处理。

### 5.5.2　污水的处理

鸭场产生的污水应按 NY/T 1168 的要求进行无害化处理，污水排放标准应达到GB18596的要求。

### 5.5.3　淘汰鸭和病鸭的处理

鸭场不得出售病鸭、死鸭。淘汰鸭或病鸭应与市售鸭一样进行人道屠宰。小批量病鸭可采取断颈或斩首法致死。死鸭应装袋密封后焚烧或深埋，按 GB 16548 的要求进行无害化处理，禁止随便丢弃，以免污染环境、传播病原。

# 第九章　生猪屠宰福利操作指南

## 1　范围

本指南规定了生猪屠宰环节福利操作原则、屠宰加工企业的设计和环境卫生、车间及设备设施、屠宰加工的卫生控制和特殊条款等。

本指南适用于生猪屠宰过程中福利要求。

## 2　规范性引用文件

下列文件中的条款通过本规范的引用而成为本规范的条款。凡是注日期的引用文件，其随后所有的修改单（不包括勘误的内容）或修订版均不适用于本规范，然而，鼓励根据本规范达成协议的各方研究是否可使用这些文件的最新版本。凡是不注日期的引用文件，其最新版本适用于本规范。

GB 5749　生活饮用水卫生标准

GB 16548　畜禽病害肉尸及其产品无害化处理规程

GB/T 18635　动物防疫基本术语

GB/T 20014.1　良好农业规范术语

GB/T 20014.6　良好农业规范畜禽基础控制点与符合性规范

中华人民共和国动物防疫法

中华人民共和国农产品质量安全法

## 3　基本原则

3.1　生猪屠宰企业应建立福利屠宰管理体系，包括标准操作程序、设备操作方法、维护清理方式、紧急情况应急预案和不同员工职责，保证相应技术要求的实施。

3.2　生猪待宰、屠宰、加工的所有环节，应设立福利设施。

3.3　生猪屠宰厂设计除应有的生产工区外，还应包括足够的停车、防风、防晒、通风降温区域。

3.4　生猪屠宰厂的加工工艺中应明确停车、通风降温、防风防雨雪等动物福利要求的技术指标。

3.5　从事生猪福利屠宰有关操作、管理的人员，应进行必要的动物福利知识培训，了解动物福利的基本要求。培训内容至少包括生猪生理知识、不同环境因素对生猪心理和生理的影响效果、应激情况以肉质变化及其检验。

3.6　执行紧急宰杀任务的员工应能正确识别有效的致昏迹象。

3.7　设立专门的机构或人员负责生猪福利的实施和效果监督。

## 4　生猪福利屠宰的设施设备要求

4.1　屠宰厂应交通方便，水源充足，远离污染源，周围环境清洁卫生。厂区内不得兼营、生产、存放有碍食品卫生的其他产品。

4.2　屠宰厂的厂区应设有动物运输车辆和工具清洗、消毒的专门区域及其相关设施。

4.3　屠宰厂主要道路应铺设适于车辆通行的坚硬路面，路面平整、易冲洗，无积水。

4.4　屠宰厂设生猪待宰区、急宰间和无害化处理设施，其中待宰间设生猪待宰圈、病猪隔离圈和运载生猪的车辆冲洗设施。圈舍应设通风、饮水、淋浴等设施，其地面不渗水、易清洗。圈舍容量不小于日宰量的 1 倍。

4.5　屠宰间配备麻电器、吊轨、挂钩、内脏整理操作台、烫池及符合国家卫生标准的生猪屠宰的专用器具。

4.6　生产区与生活区应分开设置。

4.7　生产区中除保证食品安全的设施外，还应设生猪休息、淋浴、致昏、刺杀的区域和设施。

## 5　卸载

5.1　待宰猪应来自非疫区，健康良好，并有兽医检验合格证书。

5.2　设立与运输车辆车厢等高的卸猪台，卸猪台应防滑，坡度小于 20 度，坡道周边应有围挡。

5.3　卸猪时保持安静，动作平缓，任何情况下不得强迫生猪跳下运输车辆，降低生猪激烈的应激反应。

5.4 围栏、圈舍、出入口、通道设计应方便对生猪进行检查，及时转移患病或受伤的生猪。

5.5 通道有助于猪自由前行，尽量减少拐角，不得有直角转弯。通道保持一定的亮度，通往致昏点的通道设紧急出口，供紧急情况或致昏延迟时使用。

5.6 通道中不应有任何可导致生猪停止前进、放缓或掉头的设施，通道地面平整，无明显的凸起或凹槽。

5.7 按性别、来源、日龄分栏，生猪在待宰圈内的密度应满足所有生猪能同时站立、躺下和自由转身。

5.8 伤残生猪圈舍应尽可能靠近卸猪坡道，圈舍易于识别，易于进出。

## 6 生猪福利屠宰的待宰

6.1 待宰区与生产区相互独立，保持区域内相对安静。

6.2 圈舍有一定弧度的不透明围墙和饮水系统，在天气过热或过冷的情况下，圈舍具备通风和保温设施。

6.3 待宰猪临宰前停食 12～24 小时，充分喂水至宰前 3 小时。

6.4 待宰区伤残猪的福利处置

伤残猪应立即宰杀，对病猪进行检验，报告兽医机构妥善处理，具备屠宰条件时应立即宰杀，不具备立即宰杀条件时，应采取减少痛苦的方法转移至伤残生猪圈舍中。伤残生猪宰杀应采用致昏后放血的屠宰方式。

## 7 生猪福利屠宰的致晕

7.1 将待宰生猪赶至生猪淋浴间，开启淋浴开关，喷淋去除猪体表面的灰尘、污泥和粪便。

7.2 采取电流击昏生猪，采用三点麻电，按生猪大小、品种和季节，调整电压大小，使猪呈昏迷状态，心脏跳动，但不得致死，确保宰杀沥血结束前生猪不再苏醒。

## 8 生猪福利屠宰的放血

8.1 用链钩套住猪左后脚跗关节，将其提升至屠宰自动线轨道，操作时不伤猪体。

8.2 从麻电致昏至刺杀放血,不超过30秒钟。

8.3 刺杀部位准确,操作人员一手抓住猪前脚,另一手握刀,刀尖向上,刀锋向前,对准第一肋骨咽喉正中偏右0.5~1厘米处向心脏方向刺入,再侧刀下拖切断颈部动脉和静脉,不得刺破心脏。刀口长度约5厘米,血流畅通,不得使猪呛膈、淤血。

8.4 沥血时间不少于5分钟,放血完全。

8.5 放血刀应用热水消毒后轮换使用。

# 第十章　肉鸡屠宰福利操作指南

## 1　范围

本指南规定了无规定疫病企业在肉鸡屠宰环节的福利操作的原则、屠宰加工企业的设计和环境卫生、车间及设备设施、屠宰加工的卫生控制和特殊条款等要求。

本指南适用于肉鸡屠宰过程中保证肉鸡的必要的动物福利要求。

## 2　规范性引用文件

下列文件中的条款通过本标准的引用而成为本标准的条款。凡是注日期的引用文件，其随后所有的修改单（不包括勘误的内容）或修订版均不适用于本标准，然而，鼓励根据本标准达成协议的各方研究是否可使用这些文件的最新版本。凡是不注日期的引用文件，其最新版本适用于本标准。

GB 5749　生活饮用水卫生标准

GB 16548　畜禽病害肉尸及其产品无害化处理规程

GB/T 18635　动物防疫基本术语

GB/T 20014.1　良好农业规范　术语

GB/T 20014.6　良好农业规范　畜禽基础控制点与符合性规范

中华人民共和国动物防疫法　中华人民共和国农产品质量安全法

## 3　基本原则

3.1　肉鸡待宰、屠宰、加工的所有环节，应设立福利设施。

3.2　肉鸡屠宰场的设计除应有的生产工区外，还包括足够的停车、防风、防晒、通风降温区域。

3.3　肉鸡屠宰场的加工工艺中应明确停车、通风降温、防风防雨雪等动物福利要求的技术指标。

**3.4** 从事肉鸡屠宰、加工的人员应经过动物福利知识培训，了解动物福利的基本要求。

## 4 肉鸡屠宰加工动物福利的通用要求

### 4.1 厂区设计

**4.1.1** 厂区应建在远离污染源，周围环境清洁卫生，不得有碍食品卫生的区域；厂区内不得兼营、生产、存放有碍食品卫生的其他产品；交通方便，水源充足。

**4.1.2** 厂区主要道路应铺设适于车辆通行的坚硬路面，路面平整，易冲洗，无积水。

**4.1.3** 屠宰厂应设有肉鸡待宰区、急宰间和无害化处理设施；配备密闭不渗水、易清洗消毒的死家禽专用运输工具。

**4.1.4** 肉鸡待宰区应设置与生产能力适应的停车场、通风设施、降温设施、防风雨设施、加湿加水设施。

**4.1.5** 屠宰厂的厂区应设有动物运输车辆和工具清洗、消毒的专门区域及其相关设施。

**4.1.6** 生产区与生活区应分开设置。

**4.1.7** 生产区中除保证食品安全的设施外，还应设有卸鸡、挂鸡、致晕的区域和设施。

## 5 动物福利设备设施的要求

### 5.1 待宰区的要求

**5.1.1** 待宰区大小应与生产规模相适应。

**5.1.2** 待宰区应与生产区独立，并保持区域内相对安静。

**5.1.3** 待宰区的通风设施应满足肉鸡在夏季待宰时呼吸顺畅。

**5.1.4** 待宰区应有防风雨设施。

**5.1.5** 待宰区还应设立加湿加水设施，用于肉鸡辅助降温和待宰2小时以上饮水。

### 5.2 卸鸡及卸鸡区域的要求

**5.2.1** 在生产区开始处应设有与运输车辆车厢等高的卸鸡台。

**5.2.2** 将肉鸡从运输车中搬移到卸鸡台上，要保持鸡笼的平稳。

**5.2.3** 卸鸡时要保持肉鸡在运输车上的安静状态。减少肉鸡生活状态出现激烈的变化。

**5.2.4** 卸鸡时应避免出现摔打、翻转、散落鸡笼等情况。

## 5.3 挂鸡及挂鸡间的要求

**5.3.1** 将肉鸡从鸡笼中取出时，应抓提鸡脚，避免抓肉鸡的翅膀、头、颈等部位。动作要轻柔，尽量减少肉鸡的惊吓和恐惧。

**5.3.3** 要将肉鸡的两个爪子分别挂在一个挂钩的两个开口处，避免单个鸡爪挂在挂鸡钩中，或两个鸡爪分别挂在不同的挂鸡钩中。

**5.3.4** 挂机中发现的伤残鸡、死鸡要全部分离出来，单独处理。

## 5.4 致晕的要求

**5.4.1** 肉鸡的致晕主要采取电流击昏。

**5.4.2** 致晕电流要根据不同体重肉鸡的随时调整。

**5.4.3** 致晕效果要保证肉鸡在宰杀后沥血结束前不能苏醒过来。

**5.4.4** 要定期检查致晕效果。

## 5.5 人员要求

**5.5.1** 对从事与肉鸡福利有关操作管理的人员，进行必要的动物福利知识培训。

**5.5.2** 培训的内容至少包括以下内容。

**5.2.2.1** 肉鸡生理知识。

**5.2.2.2** 不同环境因素对肉鸡心理和生理的影响效果知识。

**5.2.2.3** 应激与否及其相关肉质变化和检验。

**5.5.3** 应设立专门的机构或人员负责肉鸡福利的实施和效果监督。

# 第十一章　肉牛屠宰福利操作指南

## 1　范围

本指南规定了肉牛屠宰加工企业宰前设备设施要求，卸车、待宰、致晕、放血的动物福利要求。

本指南适用于肉牛屠宰。

## 2　设备设施要求

2.1　待宰圈舍应具备适当的通风、照明和保温设施。

2.2　待宰通道应具备持续的可视条件，避免出现阴影或强烈明暗对比，以防止影响动物的行动。通道不应位于排水系统上方，如果通道必须经过排水系统上方，排水系统的盖板必须经过加固，并与周围地板融为一体，以免影响动物的行动。

2.3　待宰通道地面所用材料必须防滑，保证动物通过时不受伤害。为防止跌倒，对既有地面进行粗糙处理，也可用钢筋做成空隙为 12 厘米×12 厘米的栅格。

2.4　卸载设施的周边设不透明围墙。

2.5　待宰圈通道设计要使动物只能沿卸车点到屠宰点单向通过。

2.6　整个通道呈 S 形流线，尽量减少拐角。通道的设计让牛无方向感，地面所用材料必须防滑，保证动物通过时不受伤害。通道设计要考虑牛只运动过程中会出现的任何意外情况。

2.7　待宰圈和通道墙壁的拐角设计要成圆形。通道不能有任何直角转弯，曲线转弯前要求有至少两个牛身长度的通道。

2.8　尽量避免使用电刺激赶牛，而用一些其他的驱赶工具，如旗、塑料桨、系着绳子的塑料棒。使用专用电击棒设施来引导动物移动时，电击时间不可超过 2 秒。电击棒只能用于拒绝移动的成年牛，电击只可施于动物后腿及臀部的肌肉。电击时要确保动物前方有足够的空间。

2.9  卸车前，要保证围栏的大门处于正确的开或关的位置，确认牛前进的道路上没有水管、水沟或无关人员等影响牛移动的障碍物。

2.10  所有的致晕间都必须有能够保定头部的装置。一般常用的保定尺寸要求为260厘米×180厘米。致晕间要有能有效限制动物的推拉门。

# 3  卸车

3.1  肉牛经一定距离的运输后到达屠宰加工厂的入厂卸车位置。卸车过程中，操作者要避免让动物受到惊吓或感到兴奋。卸载操作人员要用软工具驱赶，引导动物进入圈舍，尽量减少动物的不舒适和烦躁。在卸车围栏活动区，牛群要由技术娴熟、有经验的管理者将牛控制在围栏周围进行活动，避免牛只走散。卸车操作者的位置应随着牛的行进和停止而改变，处于牛的盲点上。

3.2  不可敲打、挤压动物身体的敏感部位（如肛门，生殖器），尤其不要碾压、扭曲和拽断动物的尾巴，不可触碰动物的眼睛，不可踢打动物。不可拎牛的头、角、耳朵、蹄、尾巴和毛发，避免引起疼痛和痛苦。必要时，要分别单独将牛卸下车。

3.3  卸车时要保持安静，动作轻缓，让牛自己走动。在卸车坡道上放置垫草有助于牛走下运输车辆。卸车站台的高度要与运输车辆车厢底部高度一致且接口表面平滑，使牛能够顺利卸车。任何情况都不能强迫牛跳下运输车辆。卸载坡道坡度不能大于25度。

3.4  卸车过程中不可将动物混群，应当把运输过程中同一群的动物关在同一个围栏里。

3.5  在设计围栏、圈舍、出入口、通道时应考虑随时可以对动物进行检查，需要时能及时将患病或受伤的动物转移到合适的圈舍或急宰设施中。

3.6  为减少受伤动物的痛苦，应优先及时处理伤残牛。建立紧急屠宰预案和操作程序，任何不能轻松通过处理系统的牛都必须立即被宰杀，不可将伤残牛一直存放于待宰圈中。执行紧急宰杀任务的员工必须接受相关培训，必须能够正确识别有效和无效的致晕迹象。伤残动物圈舍距离卸载坡道必须尽可能的近。伤残动物圈舍设计必须容易识别，容易进入，圈舍中应备有垫草。

# 4  待宰

4.1  操作者使用橡胶软具赶牛时，应尽可能降低声音。

4.2　操作者应全天向所有动物提供清洁饮水，并向需要在圈舍中过夜的动物提供适宜的垫草。

4.3　动物在圈舍中的密度要保证有足够空间使所有动物都能同时站起或躺下。

4.4　因性别、来源或年龄不同而可能具有攻击性的动物在圈舍中应相互单独隔离。来自不同群的动物在圈舍中不应混在一起。

4.5　所有参与家畜处置工作的员工都应穿合适的深色衣物，以避免动物烦躁不安。

4.6　通往致晕间的通道应设紧急出口，供紧急情况或致晕延迟时使用。

4.7　通道应保持明亮。越接近致晕间，通道光线应更亮，有助于动物朝前移动。禁止光线直接照射动物的眼睛。

4.8　通道中不应有任何可导致动物停止、放缓或掉头的设施。

## 5　致晕、放血

5.1　操作者不管使用何种致晕设备，都必须尽可能降低动物所遭受的疼痛、压力和恐惧，必须能够确保动物立即失去知觉，并持续足够时间，保证动物在被宰杀前没有机会恢复意识。

5.2　动物致晕是一个可逆的过程。基本原则是在动物恢复意识前进行放血。震荡式气动致晕后放血时间要求30秒内完成。

5.3　气动致晕有效的症状

动物瘫倒，失去节律呼吸，瞳孔放大，失去眼角膜反射，下颚松弛，舌头悬吐在外。

5.4　成年牛必须在致晕箱内被致晕。

5.5　应用枪击致晕法对牛实施致晕时，致晕枪必须定期进行测试，确保枪栓弹出速度能对动物进行有效致晕。必须对动物进行适当保定，确保枪栓能击中正确位置。所使用宰杀方式必须能将动物所受疼痛、压力和恐惧降到最低，必须能够立即使动物失去意识和知觉。这不但是基于动物福利方面的要求，也是基于对肉品质量的考虑。

5.6　枪口应置于牛前额中央，双眼与对面犄角的两条连线的交叉点位置上方约20毫米处。致晕操作员必须检查动物症状，确保动物已被正确致晕。如果有迹象表明动物没有被正确致晕，必须立即使用备用致晕枪对动物进行二次致晕。

5.7　致晕后立即进行放血（15 秒内），确保因缺少氧气而永久失去脑功能前动物不会恢复意识。

5.8　刀刃必须保持清洁、锋利。

5.9　放血必须迅速、彻底。操作人员必须确保动物的主要血管已经被彻底切断。

5.10　操作者必须确认动物已经彻底死亡——动物所有脑干反应（当触碰角膜时，角膜的眨眼反应）在剥皮开始之前都已停止。

5.11　伤残动物必须使用致晕后放血的福利屠宰方式进行放血，致晕后15 秒内必须放血。

# 第十二章 农场动物公路运输福利操作指南

## 1 范围

本指南规定了农场动物在公路运输环节中的福利要求。

本指南适用于农场动物公路运输中保证动物满足必要的动物福利。

## 2 规范性引用文件

下列文件中的条款通过本标准的引用而成为本标准的条款。凡是注日期的引用文件，其随后所有的修改单（不包括勘误的内容）或修订版均不适用于本标准，然而，鼓励根据本标准达成协议的各方研究是否可以使用这些文件的最新版本。凡是不注日期的引用文件，其最新版本适用于本标准。

中华人民共和国动物防疫法

动物检疫管理办法

GB/T20014.11—2005 良好农业规范 第 11 部分：畜禽公路运输控制点与符合性规范

GB 16549—1996 畜禽产地检疫规范

陆生动物卫生法典，世界动物卫生组织

农场动物福利规范（国外资料汇编），李卫华主译

家畜操作处理与运输，T. Grandin 著，2007

## 3 公路运输基本要求

3.1 承运人在动物运输过程中，应携带相关文件记录，其内容包括：

a）行程计划；

b）装载时间和地点；

c）检疫证明；

d）司机动物福利资格证书；

e）动物标志；

f）在运输途中由于动物福利不良导致动物处于危险的详细情况；

g）运输前动物休息时间、饲料、饮水的文件记录；

h）装载密度；

i）行程日志。

3.2　动物运输时，应携带检疫证明，并交由养殖场、屠宰场、农贸市场或其他运输目的地保存。

3.3　用于屠宰的动物应携带动物用药记录，并提交给屠宰场。

## 4　运输前准备与处理

### 4.1　动物的准备

运输前，须检查动物是否适于运输。

**4.1.1　当动物出现以下情形时，不适于运输：**

a）处于妊娠后期的动物；

b）分娩后 48 小时内的母畜；

c）脐部未完全愈合的新生动物；

d）由于受伤或疾病而不能行走的动物；

e）经治疗（比如切角后）未痊愈的动物；

f）其他任何不适于运输的情形。

**4.1.2　不适宜运输的动物只有在下列特殊的情况下可以实施运输：**

a）有轻微的病症、虚弱或疲乏的动物如果需要紧急运输，应保证运输过程不会增加不必要的痛苦；

b）用于科学研究的动物，应保证不会在运输途中增加不必要的痛苦；

c）运输到最近的兽医站诊断治疗或转运到最近的适宜地点屠宰。

### 4.2　车辆的准备

**4.2.1　车辆设计的基本要求**

a）车辆要有良好的通风系统；

b）车辆要有良好的减震系统；

c）车辆的内壁和地板要由良好的隔热材料组成；

d）车厢内部不能有易伤害动物的突出物；

e）车厢内地板要防滑；

f）车辆要携带有装卸动物所必需的设备；

g）车辆的设计应保护动物免受恶劣天气的影响；

h）运输车辆和运载器具应能防止动物逃逸，且能防止头、腿及翅膀伸出其外；

i）车辆的设计应当允许进行彻底的清洗和消毒，并可容纳运输途中的粪尿；

j）车辆设计应当保证上层动物的粪尿不会污染到下层的动物、饲料和饮水；

k）当车辆行进中需要供料、供水时，车辆上应当配备充足的设施；

l）车辆地板的适当地方添加垫草（如稻草或锯屑），吸收粪尿。

**4.2.2　车辆设计的具体要求参考附录 A**

## 4.3　动物运输空间的准备

**4.3.1　运输动物空间的准备要考虑以下因素：**

a）动物身体的尺寸；

b）动物有效调节体温的能力及周围环境的温度；

c）动物是否能够躺下；

d）动物是否需要在车上进食和饮水；

e）动物之间是否有打斗现象。

f）动物品种、年龄、体重、怀孕与否、绵羊是否剪毛或一些牛是否有角等因素。

**4.3.2　动物运输空间具体要求参考附录 B**

## 5　装载

### 5.1　一般要求

**5.1.1**　运输前要充分考虑动物种类及个体差异，以及有无运输经历，减少人为的负面影响。

**5.1.2**　运输前应选择易相处的动物组群。

**5.1.3**　装载应由动物操作员完成并接受权威机构监督。确保动物能安静地装载，避免噪音、骚扰或强迫。

**5.1.4**　要具有完善的装载设施，按照 6.3 的要求执行。

**5.1.5**　动物行走路线应清楚、实用，应允许其按自由行走的速度上下车辆。

## 5.2 动物混群

**5.2.1** 一起饲养的动物应在同一个组群；亲缘关系近的动物，比如母畜与其后代，可以一起运输。

**5.2.2** 同种动物可以混合，有明显的打斗倾向者除外。具有攻击性的动物应单独隔离。

**5.2.3** 幼龄与老龄动物、小动物与大动物不能混合，小动物需要哺乳者除外。

**5.2.4** 有角动物与无角动物不能混合，能相处者除外。

**5.2.5** 不同种类的动物不能混合，能相处者除外。

**5.2.6** 动物具体分离隔离情况参考附录C。

## 5.3 装载设施

**5.3.1** 装载设施包括聚集区域、装载过道和斜坡台的设计和建造，应考虑动物对尺寸、斜度、表面、避免尖锐突出物、地板、挡板等方面的需要和能力要求。

**5.3.2** 装载区应当有适当的照明。

**5.3.3** 装载过程中应当通风。

**5.3.4** 有适当的驱赶动物工具。

## 5.4 驱赶动物

**5.4.1** 活动空间很小或没有活动空间的动物，不能使用刺棒和其他辅助工具强迫其活动。

**5.4.2** 电刺棒（goadelectric）的使用和输出电量应仅限于帮助驱赶动物，并且仅在动物前方有道路时使用。如果使用后动物没有反应，不能反复使用电刺棒和其他辅助工具。

**5.4.3** 电刺棒的使用部位限于猪的后腿、臀部，以及大反刍动物。禁止用于眼睛、口吻、耳朵、肛门、生殖器或腹部。电刺棒不适用于马、绵羊、山羊或任何年龄小的犊牛或仔猪。

**5.4.4** 允许使用的驱赶工具应能促进、引导动物移动，且不会造成动物应激。

**5.4.5** 驱赶动物时，不能有造成动物痛苦的操作（包括鞭抽、拖尾、使用鼻钳，以及对眼睛、耳朵或外阴部的压迫），或使用能造成疼痛或痛苦的驱赶工具（包括使用木棒的尖头，长的金属丝或厚皮带）。

**5.4.6** 不应通过呵斥或制造噪声来驱赶动物。

**5.4.7** 可使用经过良好训练的狗来协助驱赶某些种类的动物。

**5.4.8** 对某些动物（如淤伤、骨折、脱臼）可以人工抓举，但是要避免对动物造成疼痛、痛苦或身体伤害。对于四足动物，人工抓举应仅限于幼龄动物和体型小的动物，方式应适合动物种类。

**5.4.9** 禁止对有意识的动物抛起、拖拉和摔下。

## 6 运输管理

### 6.1 动物的检查和处理

**6.1.1** 车辆开始运输后的 8 小时内，应当检查所有个体动物是否适合继续运输，之后每隔 4.5 小时检查一次。如果条件不允许对每个动物进行检查，则运输时间不得超过 8 小时。

**6.1.2** 如果在运输中发现动物生病或受伤而不能完成行程时，应当在适当的地方将其卸下，或在车上人道屠宰。如果动物在运输中死亡，应当在适当的地方处理尸体。

**6.1.3** 应当对动物受伤、生病、死亡情况及所采取的处理措施做好记录；必要时，要将上述情况通知当地兽医行政管理部门。

**6.1.4** 兽医最终决定动物是否适于继续运输。

### 6.2 通风

**6.2.1** 运输车辆应保持良好的通风。

**6.2.2** 当公路运输家畜超过 8 小时，运输车辆应该安装充分的通风系统，其设置应该考虑以下因素：

a）计划的行程和持续时间；

b）运输工具是封闭的还是开放的；

c）在运输中可能产生的车内和车外温差；

d）运输动物品种的特殊生理需要；

e）装载密度和动物的活动空间。

**6.2.3** 通风系统应满足无论车停下还是开动，均能随时使用，并保证清洁空气的充分循环。

### 6.3 垫料

**6.3.1** 运送家畜的地板应覆盖充足的干草以吸附尿和粪便，除非尿和粪便被定时清除或采取其他的有效措施。

**6.3.2** 对于 8 小时以下的路程：锯屑是最有效的吸附尿和粪便的铺垫材料。装载犊牛和断奶仔猪的车辆建议使用稻草铺垫。

**6.3.3** 对于超过 8 小时的路程：应提供垫料，适用于不同年龄和种类的动物的运输。使用的垫料应充足，以满足所运输动物的数量、运输距离、寒冷条件下保暖、吸附动物排泄物。

### 6.4 饲料供应

**6.4.1** 运输车辆必须携带足量的、适当的动物饲料。

**6.4.2** 运输途中，必须保护饲料免受天气影响及受到如灰尘、汽车尾气及动物粪尿的污染。

**6.4.3** 运输车辆必须携带一些运输中必须使用饲喂设备，且在使用前应事先经过清洁并且在每次运输之后消毒。

**6.4.4** 饲喂设备设计要适当，以确保不会伤害动物。

### 6.5 水的供应

**6.5.1** 车辆必须设置外部给水装置。

**6.5.2** 车辆必须根据不同的动物种类设置不同饮水设备。

**6.5.3** 饮水设备设计要适当，以确保不会伤害动物。

### 6.6 驾驶质量

**6.6.1** 司机应经过培训并取得能力证书。

**6.6.2** 车辆要低速平稳驾驶，禁止由于急转弯、突然刹车或加速造成动物左右摆动，避免造成动物晕车。

### 6.7 运输时间、进食和饮水

**6.7.1** 动物连续运输不得超过 8 小时，家禽连续运输时间不超过 4 小时。

**6.7.2** 满足如下条件，可适当延长运输时间：

a）车辆上有充足的草垫；

b）车辆上有充足的饲料；

c）可直接接触动物；

d）通风条件良好，根据内外温度情况可以调节；

e）车辆上有可移动的用于隔离的隔板；

f）车辆上有连接饮水的装置。

**6.7.3**　满足以上条件，对不同动物的具体规定：

a）对于未断奶的动物，运输 9 小时后应至少休息 1 小时，必要时饲喂流质饲料后可急需运输 9 小时；

b）对于猪，运输时间最长不超过 24 小时，必须有连续饮水供应；

c）家养马，运输时间最长为 24 小时，同时每 8 小时饲喂液体料一次；

d）其他动物，每运输 14 小时，需休息至少 1 小时，休息期间给予充足的饮水和饲料，此后可继续运输 14 小时；

e）规定行程结束后，立即卸车，并保证至少休息 24 小时。

# 7　卸载和运输后处理

## 7.1　一般原则

**7.1.1**　卸载一般要求、设施及驱赶动物参照 6.1、6.3 和 6.4 的要求执行。

**7.1.2**　卸载应在兽医当局监督下并由动物管理员来完成。

**7.1.3**　关于动物在屠宰场的卸载，参考动物屠宰福利指南。

## 7.2　动物伤病

**7.2.1**　应对运输途中生病、受伤或残疾的动物进行适当的治疗或人道屠宰。必要时，在治疗或护理动物时应当征求兽医的建议。

**7.2.2**　在目的地，动物管理员应将生病、受伤或残疾动物的福利责任交付给其他合适的人员。

**7.2.3**　如果不需要在车上进行治疗或人道屠宰，而疲劳、受伤或生病的动物又需要卸载时，应当提供适当的设施和设备，以便进行人道卸载。卸载后，应给生病或受伤的动物提供适当的围栏和设施。

**7.2.4**　如需要，应给所有生病或受伤的动物提供饲料和饮水。

## 7.3　清洗和消毒

**7.3.1**　盛载动物的车辆、板条箱、集装箱等，再次使用前，应当将粪便和垫草清除干净，并用水和清洁剂进行冲刷。当担心有疾病传播时，要进行消毒。

7.3.2  对粪便、垫草和途中死亡动物尸体进行处理，要避免疾病的传播，并遵守相关的卫生和环境法规。

7.3.3  在动物市场、屠宰场、休息点、火车站等场所，动物卸载后应提供适当场所来清洗和消毒车辆。

# 附录 A  运输动物车辆及设计指南

## A.1  大车辆和大拖车

建议在每一层安装纵向通风口，以保证通过整个车辆或拖车的纵向风是连续通畅的。通风口应尽可能地设于车厢侧面的两端，顶端边缘与地板或顶棚的距离不得超过 10 厘米。通风口的直径不能少于 20 厘米。

## A.2  小型车辆和拖车

可采用其他的通风设置，包括设在末端嵌板通风孔或在顶棚设置通风设备，适宜于少量的动物运输。

## A.3  专用的马匹运输车辆

通风口大小的设置应考虑运输马匹的数量和位置，可采取机械通风的方式。停车时，也应保持一个适当的通风环境，如在炎热天气运输时。

## A.4  斜坡台

### A.4.1  对于装载、卸载动物

**A.4.1.1**  运输车辆应携带不会使动物受伤或痛苦的卸载工具。运输车辆应便于装载动物。车辆应适当安装栅栏（或专门运输马匹的车辆装有皮带），以防止装载车门未完全关严时动物掉落。

**A.4.1.2**  车辆处在水平状态时，用于斜坡台的倾斜度不能超过 20 度。

**A.4.1.3**  斜坡台应有合适的装置以防止动物滑倒，如使用木条。建议木条高度不能少于 25 毫米，中心间距为 20～30 厘米。

**A.4.1.4**  使用升降台装载动物时，尺寸应合适且有防止动物滑倒的措施。所使用的升降装置、装载平台或动物接触的地板应配备适当的安全设备，

以防止意外的操作或非受控情况时的突然降落。应在电源故障的情况下允许紧急降落。

**A.4.1.5** 用于装载和卸载的斜坡台应设置不低于 130 厘米的护栏（运输马时特别建造的车辆除外）。用于装载和卸载的升降平台，在装卸牛时护栏高度应为 130 厘米，装卸小牛、绵羊和猪的边栏高度应为 90 厘米。

**A.4.1.6** 斜坡台所有台阶不得超过 21 厘米，在斜坡台、升降平台和车辆间的所有缝隙不应使动物蹄爪露出，且在斜坡台和车辆间的距离不应超过 6 厘米。

**A.4.1.7** 如果车厢地板距离地面 30 厘米或更低，或体重小的动物可以被举起来（不超过两个人）而不会受到伤害，可以不使用斜坡台。

### A.4.2　在地面间转移动物

**A.4.2.1** 用于动物运输的斜坡台与地面间的倾斜度不能超过 20 度。

**A.4.2.2** 斜坡台应采取类似防滑条的适当方式以防止动物滑倒。建议防滑条高度不能少于 25 毫米，条间距为 20～30 厘米

**A.4.2.3** 如需要，地面斜坡台应装备适当高度的围栏。

## A.5　围栏长度

A.5.1　运输车辆需要通过隔离物分成围圈，避免运输过程中动物晃动，适当地分隔成小的群体。

　　a）当运输犊牛时，围栏的长度不能超过 2.5 米；

　　b）当运输绵羊、猪或山羊时，围栏的长度不能超过 3.1 米；

　　c）当运输牛时（不是犊牛），围栏的长度不能超过 3.7 米；

　　d）当运输马时，围栏的长度不能超过 3.7 米。

A.5.2　建议运输车辆设有减少围栏长度的设备，如需要时，一头动物或一小群动物可以在一个分成大小合适的区间运输。

## A.6　隔离设施高度

隔离设施（当安装时）应坚固，有足够的强度和高度，且不干扰通风，其上下空间和内部的缝隙，不能使动物陷入或受伤。

　　a）对于牛（不含犊牛）和马，围圈或马厩间隔离物的高度不能低于 127

厘米；

b）对于犊牛、绵羊和山羊，围圈间隔离物的高度不能低于 76 厘米。

## A.7 净高度

A.7.1 用于运输养殖场动物（牛、绵羊、山羊、猪）或马匹的车辆的高度应合理，使动物能够自然站立并且上部有通风的空间。

A.7.2 为了避免伤害和保证通风，牛（不含犊牛）距顶棚最少保留 10 厘米空间，犊牛、绵羊、山羊和猪距顶部最少保留 5 厘米空间。

A.7.3 马匹只能在单层运输车辆中运输，建议用于运输马匹的车辆高度应不少于 2 米，为使马匹保持自然的站立状态，必要时，需要更高的高度。

## A.8 顶棚

A.8.1 运输车辆应安装顶棚，以便于在不同气候条件下对动物提供充分保护。

A.8.2 顶棚应防水，坚固，能够抵御运输过程中的颠簸和累积在顶棚上的雨雪的压力，顶棚应保证安全，便于检查。

## A.9 检查和观察口

从车辆的外部应能看到所有的动物，为了便于检查，应设有合适的观察口。通风口也可用于观察。

## A.10 对于短程小型车辆的某些例外

小型车辆应满足以下条件：

a）被用于 50 千米或更短的旅程，在养殖场自用的；

b）养殖场内所有的车辆；

c）车辆内部长度不大于 3.7 米，适合动物的运输；

d）不需要安装顶棚，当装载门开时有内部栅栏或皮带，不需内部安装斜坡台。

## A. 11　清洁和消毒

所有的动物应使用已消毒的、清洁的车辆运输。

（引自 GB/T20014.11—2005）

# 附录 B 动物运输空间参考值

## B.1 牛的公路运输空间参考值（引自 GB/T 20014.11—2005）

| 重量（千克） | 每只牛占用面积（米²） |
| --- | --- |
| 55 | 0.30~0.40 |
| 110 | 0.40~0.70 |
| 200 | 0.70~0.95 |
| 325 | 0.95~1.30 |
| 550 | 1.30~1.60 |
| 超过 700 | 超过 1.60 |

表中的数据可能会有所变化，这种变化不但决定于动物的重量和大小，而且还决定于它的体格条件、气候条件及其他因素。

## B.2 羊（绵羊/山羊）的公路运输空间要求参考值（引自 GB/T 20014.11—2005）

| 类别 | 大约重量（千克） | 每只羊占用面积（米²） |
| --- | --- | --- |
| 26 千克及其以上的剪毛绵羊和羔羊 | ＜55 | 0.20~0.30 |
|  | ＞55 | ＞0.30 |
| 未剪毛的绵羊 | ＜55 | 0.30~0.40 |
|  | ＞55 | ＞0.40 |
| 较重的怀孕母绵羊 | ＜55 | 0.40~0.50 |
|  | ＞55 | ＞0.50 |

（续）

| 类别 | 大约重量（千克） | 每只羊占用面积（米²） |
|---|---|---|
| 山羊 | ＜ 35 | 0.20 ～0.30 |
| | 35～ 55 | 0.30～ 0.40 |
| | ＞ 55 | 0.40～ 0.75 |
| 较重的怀孕母山羊 | ＜ 55 | 0.40～ 0.50 |
| | ＞ 55 | ＞ 0.50 |

表中显示占用的面积可能变化，变化决定于羊的种类、大小、体格条件、羊毛的长短，还有气候条件和运输时间的长短。表中还显示：羔羊的占用面积不低于 0.20 米²。

## B.3 猪的公路运输空间要求

| 体重（千克） | 装载密度 | 米²/头 |
|---|---|---|
| 仔猪 | ＜25 | 0.15 |
| 架子猪 | 60 | 0.35 |
| 屠宰猪 | 100～120 | 0.42 |
| 屠宰猪 | 120～140 | 0.45 |
| 大体重猪 | ＞140 | 0.71 |

（引自《家畜操作处理与运输》，T. Grandin，2007）

## B.4 家禽使用集装箱运输的适宜密度（引自 GB/T 20014.11—2005）

| 类 别 | 密 度 |
|---|---|
| 雏鸡 | 21～25 厘米²/只 |
| 重量低于 1.6 千克的家禽 | 180～200 厘米²/千克 |
| 重量在 1.6～3 千克的家禽 | 160 厘米²/千克 |
| 重量在 3～5 千克的家禽 | 115 厘米²/千克 |
| 重量高于 5 千克的家禽 | 105 厘米²/千克 |

这些数字会有变化，该变化不但决定于家禽的重量和大小不同，还取决于家禽的身体条件和气候条件。

# 附录 C 动物的分离隔离指南

**C.1** 与其他动物一起运输时，以下动物（群）应单独分开（第 C.2 和 C.4 章中规定的除外）：

a) 一头母牛与未断奶的犊牛；

b) 一头母猪与未断奶的仔猪；

c) 一头母马与小马驹；

d) 一头超过 10 月龄的公牛；

e) 一头超过 6 月龄的公猪；

f) 一匹种马。

**C.2** 如果是同一饲养群，或彼此已熟悉的，公牛跟公牛、公猪跟公猪、种马跟种马可以一起运输。

**C.3** 不同种类的动物应相互隔离（第 C.4 章中规定的例外）。

**C.4** 如果因隔离造成动物紧张不安，同种动物应在同一分隔区间内运输。

**C.5** 在同一车辆、围栏货车、围圈或容器中运输时，动物应分开隔离，除非以下情况：

a) 未断奶的幼畜与母畜或其他哺乳的幼畜；

b) 根据赛马规则登记的赛马与其同伴；

c) 如果运输的动物不会因月龄和大小不同及可能引起一方或双方受到伤害或痛苦，动物可以与其他的动物一起运输。

**C.6** 对在同一个车辆、围栏马车、围圈或容器中运输的相互敌对的或易怒的动物，应采取措施避免受到伤害或不必要的痛苦。

**C.7** 未阉割的雄性成年动物应该跟雌性分开，除非它们在同一饲养群饲养过或彼此熟悉。

**C.8** 带角的应该与无角的动物分开，除非它们都是安全的。

**C.9** 驯服的马应该与未驯服的马分开。

**C.10** 动物隔离的效果可能受隔离物的影响，如果空间允许，应把它们拴在货车的不同部分。

（引自 GB/T 20014.11—2005）

# 第十三章　动物疫病扑杀控制
# 福利操作指南

## 1　范围

本指南规定了疫病扑杀控制良好操作措施。
本指南适用于发生重大动物疫病时的扑杀操作。

## 2　一般原则

发生重大动物疫病而采取扑杀措施时，需要考虑：
2.1　参与处死动物的人员应当经过培训并考核合格。
2.2　处死方法成本、操作人员安全、环境和生物安全。
2.3　做出扑杀决定后，应当尽快执行。
2.4　尽量减少动物的处理和移动。
2.5　充分保定动物，并立即处死。
2.6　处死方法应使动物快速死亡，或使其立即失去意识直到死亡。避免导致疼痛、不适或痛苦。
2.7　首先处死感染动物，然后是接触动物和其他动物。
2.8　兽医当局应当对处死过程进行监控。

## 3　专家指导组

采取扑杀措施前应当成立专家指导组。专家组成员包括组长、兽医、动物管理员、动物处死人员、尸体处理人员、农场主等。

### 3.1　组长

#### 3.1.1　责任

**3.1.1.1**　组织制定扑杀计划；

**3.1.1.2** 确保动物福利、操作员安全和生物安全；

**3.1.1.3** 组织指导操作人员按照要求对动物进行处死；

**3.1.1.4** 确保后勤物资；

**3.1.1.5** 向兽医当局汇报进展和存在问题；

**3.1.1.6** 扑杀工作结束后提供书面报告。

**3.1.2 能力**

**3.1.2.1** 了解动物饲养模式；

**3.1.2.2** 了解动物福利、动物行为，处死过程中动物生理和解剖学变化；

**3.1.2.3** 有效协调交流；

**3.1.2.4** 了解操作产生的环境影响。

## 3.2 兽医

**3.2.1 责任**

**3.2.1.1** 确定并监督实施恰当的处死方法，避免造成动物痛苦；

**3.2.1.2** 实施处死程序后确保由具备资质的人员对动物进行死亡确认；

**3.2.1.3** 有效监控动物福利和生物安全；

**3.2.1.4** 扑杀后，协助组长起草书面报告，说明采取的措施和对动物福利的影响。

**3.2.2 能力**

**3.2.2.1** 评估动物福利，评估击晕、处死效率，及时矫正错误；

**3.2.2.2** 评价生物安全风险。

## 3.3 动物管理员

**3.3.1 责任**

**3.3.1.1** 检查、评估现场设施的适用性；

**3.3.1.2** 设计和建造临时动物处理设施；

**3.3.1.3** 驱赶、保定动物；

**3.3.1.4** 对动物福利和生物安全程序进行连续监控。

**3.3.2 能力**

**3.3.2.1** 具备紧急情况下处理动物的能力；

**3.3.2.2** 了解生物安全和预防知识。

### 3.4 动物处死人员

**3.4.1 责任**

确保有效击晕和处死。

**3.4.2 能力**

**3.4.2.1** 具有使用相关设备的执照；

**3.4.2.2** 使用和维护相关设备；

**3.4.2.3** 有效判定击晕和处死效率。

### 3.5 尸体处理人员

**3.5.1 责任**

对尸体进行安全、有效处理。

**3.5.2 能力**

使用和维护相关设备。

### 3.6 农场主/所有人/管理者

**3.6.1 责任**

提供必要的帮助和支持。

**3.6.2 能力**

了解动物福利相关知识。

## 4 扑杀计划

组长应组织制定一份扑杀计划，考虑：

（1）扑杀动物的种类、数量、年龄和体型大小等；

（2）减少动物的驱赶和处理；

（3）尽量在疫点扑杀动物；

（4）扑杀动物的方法及成本；

（5）相关设备的有效性和实用性；

（6）生物安全和环境问题；

（7）操作人员健康和安全；

（8）附近其他养殖场的动物；

（9）尸体移动、处理和销毁；

（10）其他因素。

## 5　处死方法

动物扑杀操作应当采用适当的方法，减少动物的痛苦。具体处死方法及适用范围见附录Ⅰ。

### 5.1　子弹射击

子弹射击可使用猎枪、步枪、手枪等；近距离最常适用的器具包括猎枪、手枪，远距离使用的器具为步枪。

#### 5.1.1　正确操作要求

**5.1.1.1**　远距离射击应当瞄准动物头骨，并立即死亡。射击手应受过良好训练、具备资质。

**5.1.1.2**　考虑射击手人身安全，佩戴适当的听力、视力保护设备。

**5.1.1.3**　射击距离应尽量短（猎枪5～50厘米），枪筒不能接触动物头部。

**5.1.1.4**　对不同种类、年龄和体型大小的动物，选用恰当口径的子弹。

**5.1.1.5**　射击后进行检查以确保动物死亡。

#### 5.1.2　正确射击位置

**5.1.2.1**　牛的正确射击位置在眼到斜对面耳根部两条对角线的交叉点。

图片来源：人道屠宰协会（2005）

**5.1.2.2**　无角绵羊和山羊的正确射击位置是在头顶部中线位置。

**5.1.2.3**　有角绵羊和山羊的正确射击位置是在头的后部，朝向下巴角度的方向。

图片来源：人道屠宰协会（2005）

图片来源：人道屠宰协会（2005）

**5.1.2.4** 猪的正确射击位置是在眼睛的正上方，朝向脑部的位置。

图片来源：人道屠宰协会（2005）

### 5.1.3 该方法适用于牛、绵羊、山羊和猪

### 5.2 弩枪穿刺

弩枪应当瞄准动物头骨，使枪栓穿透入动物大脑皮层和中脑，使动物失去意识。枪栓对大脑的物理损伤可能会导致动物的死亡，枪击后应当尽快实行脑脊髓刺毁或放血，确保动物死亡。

**5.2.1 正确作要求**

**5.2.1.1** 枪栓的速度和长度应当适于动物的种类和类型，并按照说明书操作；

**5.2.1.2** 应当经常清洗和维护枪栓；

**5.2.1.3** 应有备用枪支；

**5.2.1.4** 应保定动物；

**5.2.1.5** 确保操作员能接近动物的头部；

**5.2.1.6** 操作员应确保正确的角度；

**5.2.1.7** 击晕后应当尽快实行脑脊髓刺毁法或放血。

**5.2.2 该方法适用于牛、绵羊、山羊和猪**

## 5.3 机械绞碎

使用带有转动刀片或突出物的机械设备，可绞碎 1 日龄禽和鸡胚。

**5.3.1 正确操作要求**

**5.3.1.1** 绞碎需要专业设备，并保持良好工作状态。

**5.3.1.2** 输送禽的速度要与绞碎设备协调，不能发生堵塞。

**5.3.2 该方法适用于 1 日龄禽和鸡胚**

## 5.4 两步法——电击

第一步使用电极将电流通过动物头部，第二步立即用电极夹住覆盖心脏位置的胸腔。第一步会导致动物痉挛或昏迷，第二步导致动物死亡。第二步应仅用于昏迷动物。

**5.4.1 正确操作要求**

**5.4.1.1** 击晕器最低电压、电流和时间要求如下：

| 动物 | 最低电压（伏） | 最低电流（安） | 最短持续时间（秒） |
|---|---|---|---|
| 牛 | 220 | 1.5 | 3 |
| 绵羊 | 220 | 1.0 | 3 |
| 猪 ＞6 周龄 | 220 | 1.3 | 3 |
| 猪 ＜6 周龄 | 125 | 0.5 | 3 |

**5.4.1.2** 操作员应穿戴适当防护服，如橡皮手套和靴子；

**5.4.1.3** 在靠近电源的地方保定动物；

**5.4.1.4** 需两组人员，第一组操作电极，第二组保定动物以确保顺利实施。

**5.4.1.5** 定期清洗电极，确保接触良好；

**5.4.1.6** 电极应当紧紧贴住动物，直到击晕完成；

**5.4.1.7** 击晕后对其监控，确保动物死亡。

**5.4.2 该方法适用于犊牛、绵羊、山羊和1周龄猪**

## 5.5 一步法电击

使充足的电流通过动物的头部和背部，电流通过动物的大脑和心脏，击晕的同时使动物心脏纤维化，导致动物死亡。

**5.5.1 正确操作要求**

**5.5.1.1** 操作员应当控制设备产生低频率（30～60赫兹）电流，最低电压为250伏；

**5.5.1.2** 操作员应穿戴适当的防护服；

**5.5.1.3** 应将动物保定；

**5.5.1.4** 后部的电极应当在心脏的背部、上方或后部，前面的电极在眼睛的前部，通电时间至少持续3秒钟；

**5.5.1.5** 应当定期清洗电极，确保接触良好。击晕后对其监控，确保动物死亡。

**5.5.2 该方法适用于犊牛、绵羊、山羊和猪（1周龄）**

## 5.6 水浴电击

水浴击晕是将禽倒挂在绞链上，通过带电的击晕池。

**5.6.1 正确操作要求**

**5.6.1.1** 击晕和处死时应当使用低频率（30～60赫兹）电流，并维持3秒钟；

**5.6.1.2** 经过击晕池时，确保禽头部能充分淹没；

**5.6.1.3** 击晕和处死要求的最低电流为：

| 动物 | 最低电流/禽（毫安） |
|---|---|
| 鸡 | 160 |
| 鹌鹑 | 100 |
| 鸭子、鹅 | 200 |
| 火鸡 | 250 |

**5.6.2　该方法适用于大量的禽**

## 5.7　混合气体致晕

将禽舍密封，通入 $CO_2$，气体达到一定浓度后，使动物昏迷死亡。

**5.7.1　正确操作要求**

**5.7.1.1**　充入 $CO_2$ 前，应密封禽舍；

**5.7.1.2**　逐渐充入气体，确保 $CO_2$ 浓度达到40％；

**5.7.1.3**　确保禽舍内 $CO_2$ 浓度均匀。

**5.7.2　该方法适用于禽**

## 5.8　药物注射

高剂量注射麻醉药物和镇静药物可导致动物昏迷和死亡。通常联合使用巴比妥酸盐和其他药物。

**5.8.1　正确操作要求**

**5.8.1.1**　药物剂量和使用方法应当导致快速昏迷、死亡；

**5.8.1.2**　应保定动物后进行注射；

**5.8.1.3**　推荐使用静脉注射。当药物没有刺激性时，也可采用腹腔或肌内注射；

**5.8.1.4**　应监控动物确保动物死亡。

**5.8.2　该方法适用于致晕大量的牛、绵羊、山羊和禽**

## 5.9　饲料中添加麻醉剂

饲料或饮水中添加麻醉药物可用于麻醉家禽，并联合其他方法处死，如断颈。

**5.9.1　操作要求**

**5.9.1.1**　通过适当限饲或限水确保禽快速摄入足量的麻醉剂；

**5.9.1.2**　如家禽没完全麻醉，则采用其他方法处死。

**5.9.2　该方法适用于较大禽群**

## 5.10　断颈和斩首

通过人工颈部脱臼（拉伸）或使用钳子对禽颈部机械压碎，或使用剪刀斩首的方法处死动物。

### 5.10.1 操作要求

**5.10.1.1** 通过人工或机械拉伸禽的颈部，造成禽脊索断裂，或用机械钳压碎禽的颈椎骨，造成脊索严重损伤；

**5.10.1.2** 操作员应定时休息；

**5.10.1.3** 设备应维持在良好工作状态。

### 5.10.2 该方法适用于较大禽群

### 5.11 放血

切断动物颈部或胸部主要血管，使血压快速降低，导致动物脑部缺血而死。

### 5.11.1 操作要求

**5.11.1.1** 需要锋利的刀具；

**5.11.1.2** 需要靠近动物的颈部或胸部；

**5.11.1.3** 应当对动物监控直至其死亡。